底·器

——中国海洋大学教学督导工作建制 20 周年

主　编　段善利

副主编　何培英

编　委　马　勇　常　顺
　　　　朱信号　王　渊

中国海洋大学出版社
·青岛·

图书在版编目(CIP)数据

底·器：中国海洋大学教学督导工作建制 20 周年 /
段善利主编.—青岛:中国海洋大学出版社,2020.8
ISBN 978-7-5670-2544-8

Ⅰ.①底… Ⅱ.①段… Ⅲ.①中国海洋大学－教育视
导－研究 Ⅳ.①P7

中国版本图书馆 CIP 数据核字(2020)第 143259 号

出版发行	中国海洋大学出版社				
社 址	青岛市香港东路 23 号		**邮政编码**	266071	
出 版 人	杨立敏				
网 址	http://pub.ouc.edu.cn				
电子信箱	shifanbnu@163.com				
订购电话	0532－82032573(传真)				
责任编辑	史 凡		**电 话**	0532－85901984	
印 制	日照日报印务中心				
版 次	2020 年 8 月第 1 版				
印 次	2020 年 8 月第 1 次印刷				
成品尺寸	170 mm×230 mm				
印 张	13				
字 数	193 千				
印 数	1—2000				
定 价	69.00 元				

发现印装质量问题,请致电 18663037500,由印刷厂负责调换。

图1　2010年李巍然副校长（右一）、原副校长侯家龙（左四）、高等教育研究与评估中心原主任王洪欣（右二）、宋文红（左一）与部分教学督导专家合影

图2　2010年于志刚书记（左一）为教学督导颁发聘书

图3　2010年李巍然副校长（右一）为第五届教学督导团李凤岐团长颁发聘书

图4　2006年春季学期期末
　　　总结座谈会

图5　督导专家讨论工作

图6　2017年第八届督导团合影

图7 2009年督导专家参加外国语学院的本科教育教学研讨会

图8 2010年纪念教学督导制度十周年报告会

图9 第八届督导团团长肖鹏（右一）对青年
教师开展一对一指导

图10　2019年督导专家在海洋与大气学院抽查教学档案

图11　2019年督导专家调研东南大学

图12　2019年本科教学档案督导检查工作反馈会

序　言

李巍然 ■

2020 年是学校教学督导工作建制 20 周年。二十载春秋,53 位督导专家栉风沐雨、杏坛耕耘,言传身教、诲人不倦,为全面保障和提升我校本科教育教学质量做出了突出贡献。20 年督导工作,利院系促教学、帮老师惠学生,充盈在海大校园生活的每一天。在教学督导工作建制 20 周年之际,将纪念督导工作人和事的文字汇编成册、结集出版,相信对我们留存校史、传承学脉一定会有所补足,对我们督教导学继往开来一定会有所助益。

2000 年,在当时高等教育扩招大背景下,学校制定了《青岛海洋大学关于实施教学督察员制度的暂行规定》,组建了青岛海洋大学教学督察员队伍,以督察课堂教学的方式,开展本科教育教学质量监控工作,建设追求教学卓越的校园文化。教学督察工作甫始,学校就确立了其学术型、专业型、独立性和权威性的发展目标,以汪人俊教授为召集人,邀请到 12 位学术造诣深厚、教学经验丰富、从事过教学管理工作的退休教师,组成首届教学督察团,启动了"校内第三方"督察全校本科教学、保障人才培养质量的工作。

2005 年,根据汪人俊教授和督察团其他专家的倡议,学校将"教学督察制"变更为"教学督导制",赋予教学督导团全面监督指导本科教学工作的职责,此后历届教学督导团本着"督教、督管、督学"和"导教、导管、导学"的原则开展工作,为本科教学工作提供了全方位的支持帮助,特别是在指导和帮助教师增强教学能力、提高教学水平方面发挥了不可或缺的作用。

2001 年底我到教务处开始从事本科教学管理工作,先后与八届教学督导团共事,熟稔每一位督导专家,每逢新督导就职,我都十分欣喜,每遇老督导卸任,又总感到难舍难离。相伴相随 19 年,督导们曾经有过的对学生学习投入不足的担忧和看到青年教师不断进步时的欣慰，我都能感同身受。八届53位督导专家，无论辈尊叔伯抑或同侪兄弟，与我而言皆为良师益友，他们心系师生、扶掖后学的情怀，一直给我以滋养，给我以鼓励，每当接受校外专家来校现场考察评估本科教学工作时，督导们日常工作一点一滴形成的深厚积淀也总能让我平添一份自我肯定的信心和一股直面各种问题的底气。讲到督导们的故事，我和很多同事一样能如数家珍，可督导们写自己的工作，总是那么淡然、那么谦虚，接受过他们指导的人无一不有一个共同的认识，那就是教学督导们故事的精华不在文字娓娓的叙述中，而是萦绕在教师们的课堂上，融汇在学生们成长的生命里。

该文集是教学督导工作亲历者对这20年的追记，从一个侧面反映了20年来海大人在本科教学领域的不懈努力，反映了海洋大学人才培养质量文化的传承发展。文集作者群由三部分人员组成，一是教学督导和曾担任教学督导的专家教授，他们讲述了对督导工作的挚爱、对督导责任的坚守和对督导荣誉的珍惜，讲述了他们督导教学工作的方法、技巧、事例以及对坚持人才培养根本任务和巩固本科教学中心地位的深度思考，表达了他们对教育事业的深厚情感和对青年教师成长的殷殷期许；二是新近入职并得到督导专家一对一指导的青年教师，他们的文字中洋溢着对督导专家帮助自己成长的感激之情；三是机关里和督导们一起工作的同志们，他们与督导专家朝夕相处，密切合作，他们的文字记述了自己在教学督导工作中的进步与成长，也向我们展现了督导专家们工作上的认真执着，对年轻人的关爱宽厚，以及对教育教学问题的深刻洞见。相信今后还会有更多的人写出更多的督导故事、更多的督导印象，这是督导专家们对海大本科教学质量所发挥的"守护神"作用的师生共鉴，会历久弥坚。20年来，教学督导已经深深地镌刻在每一个在此教书和上学的海大人心底。

高等教育研究与评估中心的同志们将本文集定名为《底·器》，意在教学督导工作是"学在海大"的根基所依，是学校保障教学质量的操之重器！仔细品味，深以为然！

是为序。

2020年6月

校长感言（代前言）

文化的力量

——教学督导制度建立 20 年感言

于志刚 ■

中国海洋大学教学督导工作迎来了建制 20 周年,高教研究与评估中心段善利主任希望我写点什么,我的思绪一下子被打开了。

2000 年,学校建立"教学督察制",这是教学督导制度的起点。当时,我担任校长助理,协助侯家龙副校长工作。我清楚地记得,在当时高等教育大扩招的背景下,时任主管教学工作的侯家龙副校长倡议学校制定了《青岛海洋大学关于实施教学督察员制度的暂行规定》,以汪人俊教授为召集人,邀请到 12 位德艺双馨的老教师组成首届教学督察团,以督察课堂教学的方式,开展本科教育教学质量监控工作。值得注意的是,2001 年,教育部下发了加强本科教学工作的"4 号文件",我们的教学督察制度早于这个文件的颁布,可见海大对于教学质量的重视。正如李凤岐教授所说:"制度的生命在于坚持和落实。我校领导力排重科研轻教学的时弊,坚持实施教学督导制度,化解微词应对干扰坚持不辍 20 年,与时俱进,提质增效,充分体现了对教学质量的高度关注。"

2005 年,学校将"教学督察制"调整为"教学督导制"。那时,我作为副校长主管学校的本科教学工作。根据汪人俊教授和督察团其他专家的倡议,将"教学督察制"变更为"教学督导制"。从"督察"到"督导",仅一字之差,却反映了这项工作指导思想、工作重心的转变,也就是淡化刚性"监督"的成分,加强柔性"引导"的功能。在 2005 年全校教学工作会议暨第一届本科教育教学讨论会开幕式上,我提出"点、面结合,评(评估)、察(检查)、导(督导)结合的全方位、立体化本科教学质量监控与保障体系"的命题,基本上明确了"课程教学评估工作从点上保证教学质量,教学督导工作从面上着力进行教学质量的监控和保障"的思路,我校教学质量保障有了更扎实的基础。

2007 年,学校正式成立"教学支持中心",这是我国大陆高校第一个"教学支持中心"。至此,自1986年开展课程教学评估算起,历时20多年,课程评估、教学督导、教学支持制度先后建立起来,我校形成了"评估—督导—支持"三位一体的教学质量保障体系,这一体系系统地保障了学校的本科教学质量,在实践中发挥了弥足珍贵的作用。我们形象地将其称为海大本科教学质量的"守护神""定海神针",绝非过誉。

2010年,教学督导制度建立10周年之际,我时任学校党委书记,应邀写下了"良师益友,十年润物细无声;春华秋实,百年树人更卓越"的赠言,时任吴德星校长写下了"尊师明德、追求卓越,树人立教、取则行远"的赠言,这充分反映了学校对教学督导制度的肯定和期待。

转眼间,又一个10年过去了。回望走过的20年,我在思索,教学督导得到广泛赞誉,一批批德艺双馨的教授们不图名利投身其中,支撑着这一制度发展的最根本的元素是什么?教学学术、卓越教学、质量文化,这些日常在教学研讨中经常出现的词汇一个个跃然眼前!是的,是"文化"!就是文化的力量支撑着这一制度的发展!

在为2007年学校编撰出版的《质量之本 孜孜以求——中国海洋大学教学评估与督导工作回顾与展望》一书所写的序言中,我提到:"中国海洋大学的教学评估工作和与之密切相关的教学督导制度、教学支持中心的成立,其特色体现在哪里?到底是什么力量使其历久不衰、不断发展?我认为,归纳起来有两个最为显著的特点:一是它的前瞻性和发展性,二是它的独立性和学术性。"今天看来,这样一个判断依然没有过时。而支撑其前瞻性和发展性、独立性和学术性的,正是那些辛勤耕耘在课程评估、教学督导、教学支持一线的教授和工作人员,他们持之以恒的力量来自文化,来自对教学学术、质量文化的孜孜以求,来自对海大的热爱,对青年学生成长的期许!

在下一个10年、20年,我们的教学督导制度向何处去?这是一个需要一起思考的问题。在充分肯定教学督导工作成就的同时,我们也肯定会感受到新的教育理念、模式、方法日新月异的变化,注意到青年学生多姿多彩的新特点、新追求,洞察到人类社会发展的新挑战、新趋势。任何一个事物都需要在继承中发展,在发展中扬弃,由此方能永葆生机和活力。我建议深入总结一下20年来教学督导工作取得的经验,系统研究一下"评估—督导—支持"三位一体教学质量保障体系的得失,在更为宽广的视野中,充分考虑体系内各单元的融合发展,系统优化,使中国海大的人才培养质量文化焕发出更强大的生命力,让"学在海大"闪耀更加璀璨的光芒!

目 录

第一部分

第二部分

第三部分

第四部分

第五部分

附录

后记

第一部分

PART ONE

参加教学督导工作的一些感想

汪人俊 *

从 2000 年底到 2008 年上半年的七八年间,我荣幸地参加了学校的教学督导工作。回想起来,这是我自参加工作以来感到非常愉快的一段时间。几十年的教学经历,培养了我对教学工作的感情。参加教学督导工作,虽然不是直接从事教学,但是它与教学密切相关,并且对教学有着重要意义。因此,我很愿意参加这项工作。在此我要深深感谢学校领导给予我参加这项工作的机会,深深感谢为我们的教学督导工作提供支持和帮助的各个部门。

第一,要感谢校领导对我们教学督导工作的充分信任和支持,让我们深刻认识到这项工作的意义和身上担负的责任,使我们能够满怀信心地努力投入工作中。

第二,要感谢高教研究室(也就是现在的高等教育研究与评估中心)对我们教学督导工作的全力和全方位的支持,包括对督导工作的指导、开展工作的具体安排、创造良好的工作条件,以及各种周到细致的后勤服务。所有这些是我们教学督导工作得以顺利进行的保证。

第三,要感谢学校的广大师生对教学督导工作的支持。每当我们前去听课

---

* 汪人俊,中国海洋大学管理学院退休教授,第一至四届教学督导专家,同时任督导团召集人。督导工作在岗时间:2000—2010 年。

时,看到授课老师带着信任的眼光和恳切的心情向我们征询、听取意见的时候,就会深切体会到教学督导工作的责任和意义。

让我在教学督导工作中感到非常愉快的原因,还在于我们有一个很好的集体,那就是我们的督导团。我们这些督导来自不同的院系,为了同一个目标走到了一起。大家志同道合,有着共同的语言,思想感情上往往是相通的。在共同探讨、研究问题的时候,大家都能畅所欲言、各抒己见。有时候虽然会有争论,但绝没有掺杂任何的私心,一切都是为了做好工作。这确实是一个温馨、和谐的集体。在这里,我要衷心感谢和我一同工作过的各位督导老师,感谢他们在工作中曾经给予我的关心、帮助!

在我退休以后能够在这样的条件下、这样好的环境氛围中继续为学校的教学工作尽上一点力、做一点事,让我感到充实,也给我留下了一段值得怀念的美好记忆。

我参加学校的教学督导工作已过去了 10 余年,回想起来,在工作中最让我感到欣慰和心安的,就是看到许多年轻、初上讲台的老师在教学中不断取得显著的进步。譬如:

有的老师从当初讲课的内容缺乏条理性,以及有欠严谨之处转变为后来对教学内容有很好的组织,有自己清晰的思路;从当初讲课略显拘谨,说话声音轻,常对着黑板边写边讲,转变为后来在讲课中沉着自信,语言表达清楚、准确。

有的老师从当初备课不够充分,讲课基本上照着讲稿或者教材,转变为后来基本上面向学生脱稿讲授。

有的老师从当初讲课缺乏对学生的关注,转变为后来在讲课中能够注意引导学生思考,开始形成师生间思维、情感的交流互动和碰撞。

看到年轻教师在课堂教学上取得的显著进步,我们这些督导是非常高兴的。因为这是他们勤奋努力的结果,并且让我们从中看到了年轻的教师不仅在如何做好教学工作方面具有很大的潜力,而且有着努力提高教学质量的巨大积极性,不由令我们感到这些年轻教师的可爱和可敬。促使我们应该更好地关心、爱护他们,努力做好教学督导工作。

年轻教师在教学上取得的进步,虽然跟督导们的工作不无关系,但据我所知,在这背后,相关的院系在关心年轻教师的教学工作方面也都做了大量的工作。而最根本的,还在于这些教师自身的辛勤努力。

现在,走上讲台的年轻教师一般都有着较高的学历,有着很高的学术水平,这是做好教学工作的有利条件。但由于他们一开始不熟悉教学的规律,缺少教学的经验,因此在教学上必然要经历一段逐渐适应和探索的过程。而教学督导工作的开展,正好发挥了支持、帮助和促进他们快速成长的作用。因此,希望今后的教学督导工作继续多关注刚走上讲台的年轻教师,也希望相关院系继续多加关注年轻教师的教学工作。

通过参加教学督导工作和课程教学评估工作以及过往的教学实践,我体会到,作为一名教师,要把课教好,最基本的条件有两个:一是良好的敬业精神和正确的教育教学思想观念;二是对教学内容有深刻的理解与把握。在这样的基础上,通过努力,教学工作就必定会越做越好。

教学督导建制 20 年感言

李凤岐 * ■

　　我校建立教学督导制度已运行 20 年,虽谓"弱冠",回顾总结却有不逊"而立"之绩。作为一个过来人,由衷地欣喜,谨此致以深情的祝贺。

　　党的十九届四中全会,通过了坚持和完善中国特色社会主义制度、推进国家治理体系和治理能力现代化若干重大问题的决定,这是关乎国家层面的制度建设的创新、坚持和完善的战略决策。具体到一个单位,如何让国家的大政方针在本单位真正落实,显然有赖于结合本单位实际的相关制度的创设、坚持和不断完善。因地制宜创设切合实际的相关制度,获得群众的广泛认可,才能使国家治理思想和宗旨在本单位落地生根;相关制度的坚持且与时俱进地发展、完善,则能畅行不辍并得到预期的成效。我校创设教学督导制度,畅行 20 年成果丰硕,个中因由亦应在此。

　　我这样说,可能有人不以为然:是否意图倚摽热点蹭温? 抑或妄自攀高跟风? 甚而有的可能反唇相讥:"曾经沧海难为水,除却巫山不是云。"然而国人谁不知,百年大计教育为本,既为大学,立德树人责无旁贷。但是,社会舆论却曾

　　* 李凤岐,中国海洋大学环境科学与工程学院(原环境科学与工程研究院)退休教授、博士生导师,第四至六届教学督导专家、第五、六届教学督导团团长。督导工作在岗时间:2006—2014 年。

频频诟病："办大学，重科研，轻教学"，"本科教学，上级热，学校温，教师冷"，凡此种种，并非空穴来风。至于我校如何，若从教学督导制度推行和成效来看，客观而言，应该是领导重视，教师支持，督导保障，形成共识，"学在海大"名副其实。若再往大处说，中国海洋大学胸怀沧海汪洋，心系海洋共同体，举首瞻观浩浩广袤世界五大洋，回眸韬略泱泱丰腴华夏四邻海，报国情浓鱼山重重雾，追梦志高崂山层层云。由此看来，"既经沧海乐为水，踏却崂山驭崇云"，就是海大人的气魄和胸怀。

忆及20年前，侯家龙副校长提议在校内设立教学督察制度，交由学校高教研究室筹措。当时我还兼任学校教学评估专家常设委员会主任，办公室就挂靠在高教研究室，近水楼台先得月，此以擎始即知，但尚未正式参与。因为我的主职是博导，正在指导几名研究生撰写博士学位论文，同时还为研究生开设三门课；此外还兼任环境科学与工程研究院院长，后又受命筹建环境科学与工程学院，任筹建组长，沟通协调事务繁多；作为海大学报副主编和编辑部主任，统筹学报自然科学版和社会科学版，且正忙于申请增设英文版。故初期虽未参与，但耳闻目睹初创时期汪人俊、张永玲、王洪欣等老师做了大量的奠基性工作。汪老师任教学督察的"召集人"，明确提出建议将督察改为督导，多次阐述强调一个"导"字，终获认可，并连续担任四届教学督导召集人。第四届我始为督导员，从第五届起改称为教学督导团，让我当团长。自此直至续任期间，对这一个"导"字，我倍加重视，铭记于心，频挂嘴边，尽力而为，以求落实。盖因这一个"导"字，充分体现了"督"的初衷和宗旨，也指明了"导"是"督"的途径、范式和目的。与此同时，也常以此事告诫自己，切不可以"督"、以"长"自居，只拿手电筒去照别人，疏于督己、导己而背离督导之真谛。在教学督导建制10周年之时，我应征写过一篇短文，认真地回顾和思考对督与导关系的感悟和认识，深铭于心，力践而行，至今仍萦于脑际。

还记得在10年前召开的座谈会上，我曾以教学督导团团长的身份发言，诚挚地表达过"三谢"：一谢领导信任，二谢广大师生包容，三谢全体督导员自砺。数年之后虽然已不再任督导，但参加了"关工委"和"五老志愿者"，还想发挥点滴余热，仍然着意与关心学校的发展，特别是对教学督导制度及其工作情况，心犹系之而不舍。10年前的"三谢"是我当时的真情夙愿，10年后的现今，于执着之中又增添了些许新意，不揣浅陋，再次献丑。

其一，众所周知，制度的生命在于坚持和落实。我校领导力排重科研轻教学的时弊，坚持实施教学督导制度，化解微词应对干扰坚持不辍20年，与时俱进，提质增效，充分体现了对教学质量的高度关注。于志刚校长和李巍然副校长在不同场合的讲话中，多次提到教学督导制度是我校教学质量的"定海神针"和"守护神"，不避过誉之嫌，不啬高度信任和支持，更是充分肯定。为此而再表感谢，作为一个退休多年已过八旬的老人，我显然不为取悦领导，而是真情实感所在使然。

其二，是感谢全校师生干群对督导的包容、支持与协同。督导员听课，事先不打招呼，随机进入教室，难免让教师有压力、不习惯。涉及后勤和管理的诸多事务，督导的"指指点点"管得"宽"，也给相关部门增加了不少工作量。初期是心有戒、情不适，后来能理解、肯支持，再即多包容、多协同。校园面貌、生活服务不断升级，教学条件和设施更为完善宜人，看到这些显著的变化，怀旧亦睹新，晚情不掩，衷心地向你们再次深致谢忱。

其三，是再次感谢督导团同志们的辛勤工作和奉献，看到他们步履已不再那么矫健，身板也没有了当年的挺拔，脸盘上已不乏皱纹，青丝间也明显多了些白发，然而他们依然奔波督导而乐此不疲，俨然已把脚步的放缓当成了从容调研观察细辨的条件，腰板的不再挺拔更有利于俯身倾听广大师生员工的真情诉说，鬓间额顶的银丝成了他们睿智思想火花的标志，脸庞上的皱褶则镌刻着他们担当的坚毅和期盼的深切。因我做过数届督导，更能真切地体味你们仍在奔波的甘苦以及殷切的执着。请接受我由内心迸发而出的深挚的衷谢。感谢你们依然奉献晚霞余晖，与时俱进创新督导成果。同时也更贴心地祝你们健康幸福，让满目晚霞愈加绚丽多彩，家庭生活尽享惬意甜适。

综而言之，根植于学校领导的不懈坚持，感念着全校师生干群的热情支持，得益于教学督导的沟通护持，展现着"学在海大"校风的传承联持，这是我们海大人信念的秉持，也必将在今后的办学中勤力互持。

> 五子顶风栉皓首，八关山雪映矍铄。
>
> 拨雾沐雨巡查听，建言评点教管学。
>
> 不厌督导话唠唠，执着强校情切切。
>
> 师生干群竟追梦，立德树人共报国。

尽督导之职 偕爱心同行

——任教学督导 15 年回眸

张永玲*　■

中国海洋大学建立教学督导制度始于 2000 年末,当时学校的课程教学评估工作已实施了 10 多年,积累了较为丰富的经验,日臻成熟。教学督导工作则更上一层楼,比课程教学评估工作涉及了更多的教学管理,旨在从更大的范围内规范教学、提高质量。正如于志刚校长所说:"如果课程教学评估工作是从点上保证教学质量,那么教学督导工作则是从面上着力进行教学质量的监控和保障。"

先从课程教学评估工作说起。1993 年我从教师岗位调任教务处副处长兼教务科科长时,课程教学评估工作已持续开展了 7 年。就在这一年,由秦启仁副校长、陈宗镛教授等 5 人申报的《搞好课程评估　确保教学质量》教学改革成果获得了国家优秀教学成果二等奖,当时海大学生在全国全省大学英语、计算机等级考试中成绩常常名列前茅,加之学校名声在外的严格的学籍管理及考试制度,受到山东省教育主管部门的肯定及兄弟院校的赞赏,"学在海大"的优良

　　* 张永玲,中国海洋大学信息科学与工程学院退休教授,第二至七届教学督导专家,第六届教学督导团副团长,第七届教学督导团团长。督导工作在岗时间:2003—2017 年。

校风、教风、学风业已形成,受到媒体的广泛关注和采访报道,海大的教学质量得到社会认可,"学在海大"在省内传为佳话。当时我在教务处主管学籍及考务等工作,常有记者采访,亲身感受到课程教学评估工作激发了海大教师和学生教与学的热忱及主动性,学校的教书育人、管理育人、服务育人蔚然成风。当时的教务处在山广恕处长的带领下是一个锐意进取、齐心合作的团队,获得教育部授予的"全国高校优秀教务处"殊荣(山东省仅此一家),我深感在这个团队里得到了锻炼,得到了领导与同事们的支持帮助,学会了如何做好教学管理工作。之后在人事处师资办、高教研究室等部门的任职,更是得益于领导和同事们的信任支持,逐步提高了管理能力、协调能力和服务育人的意识,感悟到一线教师与管理干部职责的差异与观察问题视角的不同,成为我15年来能履行好教学督导职责的重要因素。

一、见证

鉴于2000年全国高校的扩招引发了高校对教学质量是否滑坡的忧虑与讨论,海大的校领导审时度势,为了加强对全校教学质量的宏观监控和教学秩序的严格管理,学校出台了实施"教学督察员"制度的决定,同时确定汪人俊教授作为召集人,共有12位老教师被聘任为第一届教学督察员。

2003年2月以汪人俊教授为召集人,共有15位老教师被聘为第二届教学督察员。

2005年3月学校出台了实施"教学督导制"的决定,将"教学督察"改为"教学督导",同时公布第三届"教学督导"名单,汪人俊教授为召集人,共计12位老教师受聘。

我从第二届开始被聘为教学督察员,一直到第七届,连续六届任教学督导,担任过第六届教学督导团副团长、第七届教学督导团团长,退休之后仍未脱离教学一线,使我与教育、教学、教书有着不解之缘。如果从1967年入职沈阳工业学院任教算起,到1978年调入山东海洋学院海洋物理系任教,再到退休后的返聘、从事课程教学评估及教学督导工作,使我一生中有近50年工作在教学一线(即便是在管理部门工作我也仍坚持授课),这样的机缘十分难得,这样的经历让我无限欣慰、无限珍惜,也成了我毕生的宝贵财富。衷心感谢领导和同事们能够认可我,信任我,聘任我,给予我老有所为、老有所乐的机遇和平台。退休后,2009 年和 2014 年两次获"校级优秀党员"称号及 2015 年获"山东省模范老人"荣誉称号,都得益于上级领导对我历年来在教学督导及课程教学评估方面所做工作的认可和广大师生对我工作的信任,所以对于教学督导这份工作我是十分敬畏与感恩的。

教学督导的聘书是由校长签发的,是值得我们老督导收藏的珍品。更有意义的是,在连续 6 届聘任中,我得到时任中国海洋大学校长的 3 位校长签发的聘书,依次是管华诗校长、吴德星校长、于志刚校长,为此可笑称自己为"三朝元老"吧!巧合的是第三届教学督导的聘书是时任主管教学工作的于志刚副校长亲自颁发的,于校长和我们 12 位教学督导合影的老照片也是我收藏的珍品。合影地点在鱼山校区逸夫馆八角厅,于校长居中而立,左右各站立 6 人。右一至右六为:王薇、王安东、李春柱、赵茂祥、汪人俊、徐定藩;左一至左六为:张永玲、谢式楠、周发琇、李玉兰、张兆琪、郑家声。照片拍摄于 2005 年 3 月。我时常翻看这张老照片,回顾与老督导们相处的日子。论年龄,我 1942 年出生,虽年过花甲,却还是当时 12 人中最小的,其他督导比我年长,都是我的老师、学长,现如今他们都是耄耋老人了(很遗憾,王安东老师、李春柱老师已经辞世)。老督导们对教育事业的无限忠诚、对青年教师的循循善诱、对督导职责的认真履行令我钦佩。大家相互支持、默契合作的工作场景已经成为我美好的记忆。我的脑海中时常像演电影一样,一幕一幕地展现,十分亲切真实,久久不能忘怀。当岁月流逝,时间把我带到第七届教学督导团时,离第三届已过去 10 余年了,论年龄,我成了 17 位督导中最大的那一位。在感叹时光荏苒、白驹过隙的同时,我很庆幸自己遇到的好领导、好同事和好团队,在教学督导这个群体里收获了年轻督导的真诚、信任、尊重,收获了领导的支持及委以重任,收获了高教研究与评估中心的悉心服务及一片真情,也衷心希望老一代教学督导的优良作风在下一代年轻督导身上继续发扬、传承。

二、记忆

我与李巍然副校长合影的照片就更多了。从第四届教学督导团开始的很多照片我都珍藏了起来,包括 2012 年 8 月在崂山校区西门,李巍然副校长、宋文红主任、季岸先副主任同 16 位教学督导的合影照片。

我依然记得每个学期初的教学督导工作启动会与学期末的教学督导工作

总结会,李巍然副校长必定到会听取每位督导的发言,有时督导的发言不够简练甚至冗长,李巍然副校长也总是耐心认真地听取,及时引导及准确总结,使我佩服他的能力与涵养。记得有一次李巍然副校长到外地出差回来,下了飞机就立即赶到督导总结会现场,不辞辛劳,让每一位督导感受到李巍然副校长对督导工作的重视和他严谨的工作作风及人格魅力。李巍然副校长曾说"教学督导是学校本科教学质量的保护神",这么高的评价让我们深感督导责任重大,又平添了一份欣慰与荣誉感,温暖人心。联想到 20 世纪 90 年代我在教务处、人事处任职时,管华诗校长和秦启仁副校长给予我的指导,他们两人比我年长,是我十分敬重的领导。现今于志刚校长和李巍然副校长虽然年轻,但任职十分出色。所以,每当省内外兄弟院校来海大调研、学习本科教学督导工作时,倘若有我参与接待,我的发言必定强调学校领导重视是最重要因素,而学校领导的高瞻远瞩,全力支持及给予教学督导工作的高度评价也获得来访兄弟院校的赞赏及充分肯定。

教务处对教学督导工作的支持与大力协助也是教学督导工作成功的重要因素。曾名湧、马君、方奇志、董士军几位处领导都给我们留下深刻的印象。曾处长从任职教务处处长到调离任三亚研究生院院长,这段时间历经两三届教学督导,与我们交集时间较长。记得他每次参加教学督导工作的启动会、总结会时都会认真记下督导的发言要点,回应督导的疑问,讲清学校及教务处的规划、布局,无论教务与教学工作多么繁忙,都积极到会,严谨治学是他一贯的风格。我还记得当时的董士军副处长在海大校报上发表的一篇文章(2010 年第 1657 期)《充满人文光辉的教学督导工作》中写道:"在中国海洋大学的校园里,有这样一些退休老教师,他们头发花白但精力充沛,他们年过花甲却步履矫健,他们是满载各种荣誉光荣退休的资深教授,而如今为了我校的教育教学工作却更加忙碌。他们有一个令人敬畏而又亲切的称呼——教学督导。""教学督导制度的存在是我校教学质量保障体系构建的基础,督导制度的改革与发展为我校本科教学质量保障体系稳定运行增添了活力……是具有海洋大学特色的,符合我校内涵驱动、质量为本,智源驱动、以人为本的发展方式。"文章的字里行间展示了对督导工作的支持及肯定,高度的评价让我们深感学校各级领导和老师们对教学督导的殷切期望,鞭策我们更努力、更好地去履行职责。

三、心愿

回眸 15 年担任教学督导和教学评估专家的经历与实践,有几点心得愿与各位督导分享。

(1)认真学习理解学校制定的各项关于教学督导工作的制度,学习有关课程教学评估、教学督导、教学支持的政策资料。当我们认真学习和理解了学校"关于实施教学督导制度的决定""教学督导实施细则"等条例、规定后,我们的督导行为就会更加规范高效,与学校的改革发展目标一致,体现依法督导、依法治校;另外高教研究与评估中心、教学督导室经常会下发一些文件、资料、会议纪要、参考书等,仔细阅读会开阔自己的视野、思路,起"他山之石,可以攻玉"之效。比如由宋文红、马勇主编的《质量之本 孜孜以求》一书(于 2007 年出版),是对海大多年来课程教学评估和教学督导工作的回顾与展望,内容很丰富,有高度,有广度。于志刚校长为之写序,给予课程教学评估和教学督导工作以高度评价,并谈道:谁来守护大学精神?中国海洋大学不断发展的课程教学评估和教学督导工作,教学支持中心的成立,于平凡中印记着不懈探索的足迹。这本书中更能启发我思考的是教学评估专家和参加教学评估的教师撰写的回忆与体会,如陈宗镛先生,他是我最敬重的老师,是著名的"潮汐学"专家,他一生把教书育人作为教师的天职;还有汪人俊老师、李凤岐老师的好文,当我们细细拜读后愈发感受了他们为人师表、忠诚教育的大家风范;史宏达、王萍、孟祥红、李欣、朱意秋等几位参加教学评估并获得"优秀"的教师撰写的好文,都是值得学习、参考、借鉴的宝贵资料。让我感受到他们热爱教育、思想活跃、锐意进取、勇于创新的心路历程,感受到他们正在身体力行、传承发扬着海大的优良传统。

(2)以导为主,重在建设,提高督导自身素质。随堂听课是教学督导主要的职责。课堂是教学的一线,可以直接面对教师,接触到众多的学生。每次听课我都要与学生交谈,问他们最喜欢哪一门课程,授课教师是谁,对教学计划的安排是否满意,选修了哪些公选课,等等。把学生的意见、需求反馈给教师和教务处有关部门。由于自己曾在学校管理部门工作过,对相关部门比较熟悉,有时会直接反馈,不必经由高教中心转达,能提高办事效率。

每个学期我听课 50 节左右,多数是听理工科的课程,少数是文、经、管、法类的课程,这是根据自己的理工专业背景所选择的。但仍然有很多课程并不是自己熟悉的专业课程,因而不可能对教学内容的深度、广度、重点、难点等把握准确,因此我把听课的过程当作学习新知识的过程。下课后用课间时间与教师交流,有时还会约定另外的时间交流,有时通过手机通话交流,有时用电子邮箱交流,通过交流将"导"的内涵融入谈话之中。在教学基本功、教学态度、教学方法、教学手段、PPT制作等方面肯定其优点及成绩,指出缺点与不足,提出改进意见。教学督导诚恳的态度、客观的评价让教师们感觉督导不是在挑刺、挑毛病,而是真心地指导帮助,在于重视课程的完善与建设,他们就会心悦诚服乐于听取督导的意见和建议。面对科学技术的迅速发展,教材、教学内容、教学方法与手段在创新,教学督导也要与时俱进,也要学习、充电。在督导听课过程中我对自己增加了"学"的要求,不明白的问题向督导团里的同行专家请教,如:听了法学类的课程后向肖鹏老师请教,听了地学类的课程后向李学伦老师请教,都能有很大启发;李静老师、王薇老师、周继圣老师等都给予解惑指导,受益匪浅。除了听课时学习专业知识,我还积极参加教学支持中心组织的学术报告活动,甚至要学一点儿教育心理学、教育学理论来充实自己。教学督导要努力立足于对高等教育职能、高等教育规律的理解和把握的高度上,这样才能更好地履职。

(3)把关爱之心融入督导全过程。孟子曰:爱人者人恒爱之,敬人者人恒敬之。人民教育家陶行知的名言"捧着一颗心来,不带半根草去"道出了这位著名教育家对教育事业的忠诚和热爱。我们教学督导也应该充满爱心去做工作。关爱、爱心、大爱无边、仁者爱人是中华民族的传统美德。当今的社会主义核心价值观也提出诚信、友善,那么这些怎样在督导过程中体现呢?我是这样想的:就年龄而言,自己是退休的老教师,讲台上的授课教师大多数是三四十岁的年轻人,有些还是自己的"亲学生",教学督导的年龄与这些年轻教师的兄长甚至父辈相当。面对着充满激情、朝气蓬勃的面孔,倘若把这些年轻人看作自己的家人、自己的晚辈、亲朋好友,以关爱宽容的心态去看待他们的言谈举止、行为表现时,就会拉近彼此之间的距离。对他们在讲课时出现的缺点、不足及问题,教学督导应实事求是地指出,但是要能以一颗宽容之心来接纳瑕疵,允许青年教师存在不足和缺陷,给他们提供进步的空间和动力,帮助他们树立信心,我认为这就是严谨治学与仁者爱人的有机结合。很庆幸好多青年教师认可了我作为督导的意见和建议,我始终记得当时与他们交流切磋的情景以及在交流过程中建立的朋友情、师生情。他们在教学中努力探索改进,取得了长足的进步和骄人的成绩,如工程学院的周丽芹、贾婧、吕太峰老师;数学科学学院的刘珑龙、丁双双、赵红老师;信息科学学院的崔国霖、刘艳艳、葛玉荣老师;环境科学学院的刘涛老师等,这些老师都成长为学生喜爱的好老师,"学在海大"的优良教风正在接力传承。

教育心理学指出:有威逼感的教师不一定是有威信的教师;使人乐于亲近,使人尊敬,诚信服从其指导的教师,才是有威信的教师。教学督导要想真正得到教师们的拥戴,就应当成为使人乐于亲近、使人尊敬、使人心悦诚服的人。

2014年7月11日李巍然副校长主持教学督导工作总结会,这也是第六届教学督导任职届满结束的欢送会。周发琇、李静两位博士生导师是这一届中最年长的两位老教师,他们即将离任,另有李凤岐、王薇、郑家声、张兆琪、徐玉琳、卢同善、赵茂祥7位老师离任,他们都是我十分敬重的老师和学长,同在海大校园任教,从鱼山校区到浮山校区再到崂山校区常常会不期而遇,相识、相交近40年。想起在教学督导岗位上一同共事的岁月,几度春华秋实,相互支持合作,包容理解和谐,是一段极其美好的日子。2020年是督导工作20周年,抚今追昔,甚是感慨,既思念祝福昨天的督导老友们,也对今天及明天的督导小友们充满了期待和良好祝愿,思绪万千中写下抒怀之感:

献给教学督导老友

相识共事数十年,教学督导一线牵。

银发老人乐融融,只因心系海大园。

白驹过隙须臾间,齐集一堂天赐缘。

待到母校再召唤,老骥伏枥还向前。

教学督导工作中的几点感想

肖　鹏*　

　　我从 2006 年有幸进入第四届教学督导团，开始从事本科教学督导工作，至今作为第八届教学督导团成员，不觉已经延续 5 届、共有 13 年了。今年，适逢我校教学督导工作建制 20 周年，领导嘱我写点文字，以资纪念。回想这些年来，虽然循规蹈矩做了一些工作，但总体上自以为平平淡淡、碌碌无为，没有什么突出的业绩好写出来。但值此建制 20 周年纪念之际，领导重视，师生支持，只好随笔写点感想，以就教于各位读者。

　　前面已说过，我是从第四届开始进入督导团的。参与之后，使我印象最深的是前辈督导们崇高的精神境界和精湛的业务积淀。比如李凤岐老师、张永玲老师、王薇老师、李静老师以及其他老前辈们，他们每学期的现场听课节数会达到 50 节，甚至更多，我真的为他们的勤奋和敬业精神深深感动，自愧不如。他们与被听课老师面对面交流，有热情鼓励，也有坦率评价，有耐心指导，也有诚恳建议，有时恰巧我也在场，对他们知无不言言无不尽的精神，对他们观察之深刻，分析之精辟，知识之丰富，督导方法之独到深为叹服。

　　有时，我与这些老前辈们一起参加由学校职能部门、院系或者督导团组织的各类教师座谈会、学生座谈会、教学经验交流会时，他们的发言总是热情洋溢，有的放矢，言之有物，对学术知识和教学方法方面的独到见解，以及他们所提供的宝贵经验和建议，也使我深深佩服这些老科学家、老教育家们的真知灼

　　* 肖鹏，中国海洋大学法学院（原法政学院）退休教授、博士生导师，第四至八届教学督导专家，第七届教学督导团副团长，第八届教学督导团团长。督导工作在岗时间：2006 年至今。

见,绝非一朝一夕之积累。有幸与他们一起工作,真是受益良多。所以我们也必须努力向他们学习,争取不断提高自己的工作水平。

我在工作中,从老前辈们身上学到了许多,包括奉献、敬业精神和业务上的真知灼见,这应当是我从事督导工作十几年来很大的收获和提高。感谢他们,感谢他们为我们的督导团队树立了榜样。我校督导工作,之所以能够20年如一日,做出了显著的成绩,产生了积极的影响,这与第一代督导们以及后续各届督导们的勤奋努力是分不开的。我想我作为承前启后的教学督导工作者中的一员,一定要做好纽带,做好传承,把老督导专家们崇高的精神、高超的业务素质学到手,并且为今后做同样工作的同行、同事们做个榜样。

教学督导工作中值得一提的还有与青年教师的一对一互动活动。这是一个老教师与青年教师互帮互学、教学相长的有益活动。与我一起系统地从事这方面活动的青年教师已有四位,活动中青年教师们普遍认为自身的业务素质、业务能力都有所提高,而我也在活动中得到许多启发和经验。我们长期保持着联系,从开始计划操作,调整完善教学文件和资料,讲课、听课,有初步的总结报告和论文,有不同范围的经验交流;到教学计划和教学内容的反复修改和丰富,案例教学的适时完善和更新;再到认真总结教学实践环节中出现的新情况和新问题,认真听取同学们的意见和建议,等等。我们在活动中也不忘交流教书育人和如何开展课程思政、提高思想品德的心得体会。我们一对一活动的内容是很丰富的,我们争取努力打造出有传统又有创新的精品课程;争取逐步锻炼成思想进步、品德高尚、学术精湛、教学方法高明、工作精益求精的教师。

我对一对一互动活动自认为有满腔的热情、充足的信心和积极性。而让人感到欣慰的是广大的青年教师有积极参与这一活动的需求和动力,有提高自身业务素质的强烈要求。所以,我觉得这一活动一定要努力有序地继续下去。我在想,以我之驽钝,尚能取得一点点成绩,我校有众多的资深名师,他们丰富的教学经验和方法,一定要传承下去。一对一互动活动,就是传承海大教学亮点,提高整体教学素质的有效方法之一。

以上是我在从事教学督导工作中,印象深刻的其中两点。在本届教学督导团队中,我虽参与教学督导工作时间较长,但我仍要努力,只要在这个岗位上,就要干活做事,并且要争取干好、干出成绩来。感谢多年来领导、诸位同事和广大师生的帮助和支持,希望能够得到领导、诸位同事和广大师生更多的指教。

我国高校教学督导制度建设回顾与展望

宋文红* 姜天平 ■

我国高校教学督导工作的开展和制度建设始于20世纪90年代,已成为高校教学管理和质量保障制度的重要组成部分。面对经济全球化时代高等教育国际化的趋势,以及教育信息技术对现代教学模式和组织方式的改变等现实,高校教学督导工作如何应对挑战、发挥为高校教学质量保驾护航的作用,值得进一步思考和探究。

一、高校教学督导制度溯源

近代意义的大学自诞生以来就不断追求着卓越,以其教学、科研和服务等社会职能的演进和作用发挥,走出象牙塔、走进经济社会发展的中心,得以历经千载仍生机益然。教学及其管理制度的建立,保障了高校培养人的质量,成为大学管理的核心内容。高校教学督导制度则是近百年建立起来的大学内部质量保障制度之一。1922年,柯岚·布尔顿(Collen Burton)在《督导与改进教学》一书中写道:教学督导是一个为提高教学而进行的有组织的活动,其任务是"提高教师的教学,选择组织教材,考察教学

---

* 宋文红,中国海洋大学国际合作与交流处处长,2017年1月—10月担任高等教育研究与评估中心主任。

效果,提高在职教师水平以及对教师进行评价"①。这是第一个对现代教学督导进行概念界定的研究,其中对教学督导任务的阐述今天看来仍有价值。1938年,巴尔(Barr)等人在《教学督导:提高教学的原则及实践》一书中把教学督导定义为"专业性、技术性的服务,主要是研究教学和改进教学的条件",其作用是研究教学情景、改进教学和对教学的效果进行评估。② 时至今日,随着高校教学管理体制的不断变革,教学督导的内涵得到了丰富和发展,任务内容和范围也不断扩充,督导形式不断创新。目前普遍认为教学督导是学校教学督导专家受学校或相关教学培养单位委托,依照学校各项教育教学规定开展的对各教学培养单位、教师、学生及教学相关部门和个人进行的监督、检查、评估和指导,以保证学校各项教育教学规定的贯彻执行和教育目标的实现。③

我国高校教学督导制度建设始于 20 世纪 90 年代,发展至今已在实践中积累了丰富的经验,成为中国特色高校内部质量保障体系的重要组成部分。回顾我国高校教学督导制度的发展,可从政策指导和制度实践两个方面梳理其发展历程。

从政策指导视角来看,我国高校教学督导制度在创设之初借鉴了为加强对教育工作的行政监督而建立的国家教育督导的理念、机制,并结合高校教学管理和质量保障实践的需要而逐渐发展。1991 年,原国家教委发布《教育督导暂行规定》,这是新中国成立以来第一部关于教育督导的规章性文件。虽然政策中明确了教育督导的范围是针对基础教育和幼儿教育工作,但是督导的理念和督学需要具备的条件等内容,对高校建立相关制度亦有所启迪。1995 年颁布的《中华人民共和国教育法》,在第二章"教育基本制度"第二十四条中规定:"国家实行教育督导制度和学校及其他教育机构教育评估制度。"教育督导的管理理念和运行机制对高等学校教学督导制度的建立产生了广泛的影响。

进入 21 世纪以来,2001 年教育部出台《关于加强高等学校本科教学工作、提高教学质量的若干意见》,要求建立健全政府和社会监督与高校自我约束相

---

① 钱一呈.外国教育督导与评价制度研究.北京:中央广播电视大学出版社,2006:176.
② A. S. Barr, W. H. Burton. Supervision: Principles and Practice. New York: D. Applet Century Crafts,1938:20.
③ 甘罗嘉,周廷勇,田智辉.高校教学督导:理论与实践.北京:知识产权出版社,2017:24.

结合的教育教学质量监测与保证体系①,高校日益重视教学质量建设,纷纷建立高校内部质量保障的专门机构和队伍,教学督导就是这样一支通过课堂听课和教学检查等形式开展教学质量监测和促进的教学管理队伍。我国教育部开展的对高校的各类评估,特别是本科教学工作水平评估,强调要"牢固确立人才培养是高等学校的根本任务,牢固确立质量是高等学校的生命线,牢固确立教学工作在高等学校各项工作中的中心地位"②,将高等教育教学工作摆到重要位置上,由此凸显了高校内部质量保证体系建设的重要性,也更加凸显了教学督导制度的必要性及重要作用。

建设高等教育强国和世界一流大学的战略,更是对我国高等教育高质量发展提出了要求。国家"十三五"规划提出要"提高高校教学水平和创新能力,使若干高校和一批学科达到或接近世界一流水平"。一流大学建设的核心是质量,培养一流人才是中心任务。2018年1月,我国首个《普通高等学校本科专业类教学质量国家标准》的出台更加强调高校教学工作要建立学校质量保障体系,把常态监测与定期评估有机结合起来,同时为解决人才培养中的质量问题提供了新的认识框架。高校教学质量国家标准的出台,为高质量教学和人才培养提供了标准,高校教学督导则进入依托国家标准的新的制度建设时期。

从高校教学督导实践视角来看,督导制度经历了初创期的以"督"为主的行政管理模式,逐渐转向"督"与"导"并重的专业服务模式,更加强调对教师教学的指导和对教师专业发展的促进。以"督"为主阶段,侧重于监督和检查,此时的督导组织和成员基本由学校领导授权,拥有极大的权威和特殊权力,呈现出自上而下的行政运行模式。随着中国高等教育步入大众化阶段,大量青年教师进入高校,但因其缺乏教学经验,影响到教学的质量,因而提高青年教师教学水平,增加对新进教师的帮扶,成为教学督导开展"督"与"导"的重点。特别是2012年教育部启动了"国家级教师教学发展示范中心建设"后,教师教学业务水平的提升开始受到高校的普遍重视。在高等教育督导制度的不断完善中,教师的专业发展、职业发展和心理发展都成了关注和指导的重点。

总之,我国高校教学督导制度已走过30个年头,无论从相关政策的指导或

---

① 赵菊珊,汪存信.高校教学督导工作回顾与前瞻.高教发展与评估,2008(2):37-42+121.
② 教育部〔2005〕1号文件《关于进一步加强高等学校本科教学工作的若干意见》。

是高校教学督导制度实践来看,都取得了较大的发展,已然成为学校内部质量保障体系的重要组成部分,同时也助推了教师发展和教学发展,最终促进了学生的成长和发展。

二、我国高校教学督导作用发挥及问题分析

我国高校教学督导制度因各高校类型、发展历史不同而具有自身特色,但一般都发挥着督促、检查、指导等职能,在高校内部质量保障体系建设中发挥重要作用。

1. 通过课程及其课堂调研,诊断教学问题

课堂调研是督导的基础性工作,通过学校授权"推门听课",督导能够深入各类课程及其课堂,了解教学实施的各个环节和步骤,以点带面反映学校人才培养主要环节和内容质量。对教学过程存在问题的诊断是富有弹性的,特别是对教学过程中展现出的学习风气、教学风气、教师态度等方面所进行的评价,往往难以通过生硬的数字加以衡量。因此,课堂调研使督导能从不同的角度对教学实施进行评判和诊断,并通过"临床"诊断出问题。

2. 通过对课程教学反馈,提升教学水平

教师是课程教学和建设的主导者,教师的业务素质和教学水平直接决定着教学质量的高低。新进教师在课程教学中因为经验不足、方法缺乏,容易影响教学的质量。即使是那些教学经验较为丰富的教师在具体的教学过程中,也会遇到自己没有意识到的问题。通过课程教学的调研以及督导同任课教师的交流,让教师更加了解他们在课堂上的表现以及改进方向,帮助寻找到解决现存问题的方法。所以,督导对教师的专业成长、教学水平的提高,无疑会产生有益的影响。

3. 通过对教学状况反馈和措施建议,协助教学管理和决策

督导作为高校内部的质量保障组织,在高校的行政管理中,同日常化的教学管理部门之间,存在着交叉重叠的关系,或并列或隶属或领导等,无论采用哪种模式,都发挥着协助教学管理和决策的作用。从督导参与评估、教学秩序督导、教学材料检查等活动来看,都为学校教学改革提供现实支撑。虽然督导机构同教学管理部门不同,但通过其对学校教学工作实践中问题的分析和信息反馈,能够为教学管理部门的管理和决策提供信息反馈和措施建议,也对整个学

校的教学改革具有推动作用。

4. 通过教学信息交流，推动建设教学共同体

督导在"督教""督学""督管"和"导教""导学""导管"过程中，同任课教师交流，也同学生和学校或学院的教学管理者交流，这使得他们在教学督导过程中，充当了信息交流、沟通的桥梁作用。围绕"培养人"的核心工作，推动着教学共同体的建设，有助于形成教师、学生和学校"同成长、共发展"的氛围。

虽然我国高校的教学督导制度已初具自身特色，也发挥着积极的作用，但是其不足和亟须改进之处也是显而易见的。

1. 制度化建设仍需深入

不断健全教学督导制度是教学督导工作顺利进行的重要保证。有学者将我国高校教学督导制度细分为基本制度、工作制度和责任制度三种，同时还包含各制度下的众多子制度。[①] 但目前我国高校教学督导制度存在的不足之一就是制度体系的不完整，表现为虽然有相关的督导制度的设置，但在督导章程、工作条例、督导人员选聘和督导程序、对督导人员的培训等子制度方面还有缺失。同时，高校内对督导机构的定位不准确，局限于行政督导，导致督导难以有效地发挥其作用。

2. 督导内容有待完善

长期以来，人们对教学督导功能的认识仅仅局限在帮助教师改善教学、提高教学质量上，其主要目的是研究教学和改进教学的条件。但是随着教学督导内涵的逐渐变化和功能任务的延伸，新时期的教学督导不应该只是对教学过程的监督和指导，而必须把教、学、管三个部分都纳入教学督导的工作范围之中。在督导实践过程中，教学督导工作还存在着督导范围局限、督导责权不清晰，在督导实践中只有建议权、反馈权而很少具有决定权的现象。

3. 督导队伍仍需专业化

教学督导群体是一个特殊而又权威的群体，他们大多是教育教学方面的专家或有多年教学管理的工作经验，他们教育、教学经验丰富，有较高学识和威望。但面对知识经济时代信息更新的不断加快，学科分化的日益精细等挑战，教学督导只有对专业知识尤其是前沿知识有更深入的了解，才有助于发现教学

---

① 高海生,王卫霞.论高校教学督导制度.国家教育行政学院学报,2010(01):19-22.

中存在的问题。其次,督导理念的与时俱进。不同于赫尔巴特提出的传统的教师、教材、课堂"旧三中心"论,强调以学生、经验和活动为中心的"新三中心"理念应该成为当前教学督导的理论指导。而在督导实践中还存在着对学生的主体地位和学习能动性缺少考量,对学生的学习状态和学习过程缺乏关注的现象。第三,督导方式和手段的专业化。信息技术的发展使得多媒体、混合式等教学方式在高校普遍应用,如何在新的教学方式下更新督导方式,如何将信息技术运用到督导过程中以提高督导效率,需要督导的方式和手段进一步专业化。

总之,全球化时代高等教育国际化的趋势以及教育信息技术对现代教学模式和组织方式的改变,对高校教学督导制度的建设提出了更多的挑战,同时也为高校教学督导紧随时代发展完善提供了机遇。

三、新时期高校教学督导制度建设思路建议

新时期高校教学呈现一系列新的变化和特征,双一流建设、国际化办学、多样化教学模式等对教学督导队伍的知识和能力、督导组织工作等都提出了新的要求。

1. 明确教学督导工作定位,更新教学督导理念

高校定位和发展目标直接决定了所要培养的人才及其质量标准,间接决定了高校教学督导工作的定位。新时期教学督导已成为一种具有学术权威性的教学管理活动。传统督导强调以"督"为主的行政模式,现代督导强调"督"与"导"并重的服务模式。新时期的高校教学督导更应该深化这种服务模式的内涵和范围,尤其是转向帮助教师专业发展和职业成长的专家服务模式。督导和教师本就是共生共长的关系,教师的专业发展不仅需要督导的引导,更应该依靠教师的自觉,当下督导也更应该成为教师自主发展的引路人。作为"教师之师",督导队伍承担着研究和发展教师教学的双重职责。除却以往的发现、反馈及改进教学和教学管理中存在的问题的角色,督导也应该成为高校教学改革和变革的"吹哨人",在理念上面对教学中不断出现的新变化,批判鉴别其利弊,在实践上扬长避短,做引领高校教学变革的"弄潮儿"。在"以学生为中心"的新的教学观的引导下,多倾听学生的声音和反馈。教学督导人员作为学术专家,其服务不仅指向教师群体,而且指向学校行政管理,这种服务体现在协调、监督、咨询、指导等方面。总之,高校教学必须在教学督导组织和教师所代表的专家

学术权力和学生权力以及行政管理权力之间的相互制约、相互促进的情况下才能真正实现提升整体质量的目的。

2. 规范督导人员选拔,建立督导上岗培训制度

教学督导工作的性质决定了对督导人员素质和督导队伍结构的高标准要求。教学督导是既要有较深的学术造诣,又要有很强的教学研究能力,既要有丰富的教学管理经验,又要有特殊的人格魅力的"四有"人才。[①] 目前高校对督导的选拔均是按照学校工作的实际进行,既包括资深的教师,也包括行政管理经验丰富的管理者,既有退休教师,也有年轻的学者。对教学督导人员强调了工作经历和教学经验,而对应该具备的学科专业知识、教学专业知识和信息素养等没有明确要求。对督导群体年龄结构、专业结构、职称结构和专、兼职情况的也需要综合考量。

随着新时期教学改革的不断深入,教学方式、教学理念的转变以及教育信息化等的快速发展,为教学督导队伍的整体素质提出了更高的要求。要加强对督导人员培训制度的建设。教学督导人员作为"教师之师",为教师发展提供专业性、学术性指导,其先进的教学理念来源于不断地学习和实践,因此,教学督导团队应该是一个学习型的团队,更应该与时俱进、定期接受相关业务的学习培训、定期开展学习研讨活动,使督导能准确地把握高等教育改革与发展动态,及时吸取高等教育领域最新研究成果与信息,及时接受教学模式的改革,并结合教学督导内容进行研究,使教学督导贴近教与学的一线,为教师成长做出更契合的指导。

3. 与时俱进开展专项督导,做教学改革和教师发展的引领者

今日的高校教学督导面临着不断变化的高等教育新形势和发展新要求。经济全球化和高等教育国际化发展趋势下,高校为提升国际化办学水平、培养具有国际视野与国际竞争力的人才,而普遍开设国际化课程、引进外籍教师授课。同时高校积极开展国际合作办学,使高校国际化课程的数量不断增加,而对不断增加的国际化课程和外籍教师的督导也是新的挑战。再比如,面对意识形态领域的激烈竞争,如何在人才培养主渠道——课堂上发挥育人作用,加强思政课程和课程思政,也是当前的新要求,需要与时俱进开展这类专项督导。

---

① 赵菊珊,汪存信.高校教学督导工作回顾与前瞻.高教发展与评估,2008(02):37-42+121.

专项督导,顾名思义是对比较重大或较有普遍意义的问题,进行有针对性的督导。国际化课程和课程思政专项督导都有其特色鲜明的专业倾向,国际化课程要求督导人员具有跨文化交流能力,课程思政则要求督导人员具备马克思主义理论基础知识、过硬的政治素质和一定的思想政治教学方法,在具体的督导实践中要考虑国际协作和资源利用等问题。通过专项教学督导针对性地对教师和学生关心的教学热点、焦点问题着重解决,帮助教师转变教育教学观念和教学模式,改进和提高教学质量,最终引领教师的专业成长。

总之,30年来,我国高校教学督导制度建设取得了显著的成效。在新形势下,随着教学改革的不断深入,教育质量保障体系的不断完善,新的教育发展趋势和教育变革为高校教学督导带来了新的挑战,也带来了新的机遇。高校教学督导工作如何应对挑战、抓住机遇,发挥为高校教学质量保驾护航的作用,仍需不断探索,为逐步形成具有我国特色的高校教学督导体系、保障人才培养质量做出应有的贡献。

对教学督导工作的认识与思考

段善利 *　■

2020 年是中国海洋大学教学督导工作建制 20 周年。20 年来,教学督导工作作为学校本科教学质量保障体系的重要组成部分,在学校各级领导的深入指导和部门、院系的大力支持下,一届届督导专家殚精竭虑,发挥余热,为学校本科教学工作做出了卓越贡献。此时,积极地进行回顾和总结,梳理和探询,实为必要。它将有助于我们凝聚共识,进一步明确此项工作未来的工作重心和发展方向,提升此项工作的引领性、科学性和实效性。

一、对几个关系的认识

1. "点"与"面"的关系

2000 年学校开始实施"教学督察制",2005 年改称"教学督导制",意在从教、管、学各方面进一步提供高水平的监控和指导,稳定和提升教育教学的质量和水平。与此相伴的还有一项重要工作,就是起始于 1986 年的学校课程教学评估工作,其已历经 30 余年的建设和发展,制度不断完善,流程不断优化,在促进课程建设与改革、提升教师教学能力和水平方面均发挥了重要作用,在学校上下,尤其是广大教师中形成了良好的口碑。于志刚校长曾明确课程教学评估

　＊　段善利,中国海洋大学高等教育研究与评估中心主任,2017 年 11 月任现职至今。

与教学督导工作的各自侧重："如果课程教学评估工作是从点上保证教学质量，那么教学督导工作则是从面上着力进行教学质量的监控和保障。"20年来，两项工作坚持双轨发展，持续发力，切实起到了为学校本科教育教学质量保驾护航的作用，真正可以称为本科教育教学质量保障的校之重器。今后，对于教学督导工作，尤其要注重进一步扩大工作的覆盖面，与课程教学评估工作在坚持有所区分、各有侧重、共轭并行、适度融合原则的基础上，不重叠，多加成，以让更多的工作受到触动，更多的教师得到帮助，更大范围地触动、推动本科教育教学各个方面工作质量和水平的提升。

2."督"与"导"的关系

作为第一到四届教学督导团召集人的汪人俊老师是由"察"改"导"的倡议者，这既是着眼于对教学督导工作目标定位的深入思考，也是基于对五年督导工作实践的认识与理解，同时也蕴含着对教学督导工作应秉持的理念和工作方式、方法的深刻反思。李凤歧老师曾就此撰文说："盖因这一个'导'字，充分体现了'督'的初衷和宗旨，也指明了'导'是'督'的途径、范式和目的，虽仅为一字之差，却凸显了我校教学工作理念的升华与管理指导思想的提高。"在多年来的工作中，多位督导专家也多次谈到，要"时常自警自省，不可以'督'、以'长'自居，而要明了自己的位置，放平心态、姿态，真情做好'导'的工作"。

周发琇老师也曾谈过他对教学督导工作的理解。他说，教学督导工作是一种维护教学秩序、保障教学质量底线的措施，是当前教学质量保障体系里的一个重要环节，已经和正在发挥积极作用。教学督导工作从督察开始，"查"字当先，目的在于检查、制止一些违背正常教学秩序的行为，比如迟到、早退、课堂上敷衍等。此中能够体会到的是教学督导工作中应有的刚性的管理成分。周老师十几年前发现的问题在当前课堂上还存在，"水师""水课"也并非个别现象，因此当前的教学督导工作仍然需要进一步加强"督"的力度，寓"督"于"导"，"刚""柔"并济，才能更进一步发挥教学督导工作的作用和效果；"督"的力度不足，则"导"的效果就必将大打折扣。我们期望督导专家们对于发现的学校教育教学、教学管理、学生管理及各项服务支持中切实存在的问题能够大胆地"督"，积极地"督"，持续地"督"，"咬定青山不放松"，直到得到改正或改进/善。"督"与"导"要两翼齐飞，学校各级领导、相关部门应为督导专家们站好台，撑好腰，对于出现的拒绝督导或者拒不改正的，应予以批评、惩戒，并运用行政手段、措施坚决地督进，从而使督导专家们有底气，肯直言，而不是对督导专家提出的问题不做反应，"说了也白说"，或者不积极悦纳，"脸色不好看"，而导致督导专家"能不说的就不说"。

3. 督导专家与被督导教师的关系

学校教学督导工作倡导的是民主平等、和谐融洽的工作氛围，主张督导专家与被督导教师间建立亦师亦友的关系，持续建设相互尊重、民主平等的督导工作氛围。张永玲老师曾多次笑言，我们（督导专家）不是"克格勃"，我们不是一帮故意找茬的"老头儿""老太太"，我们只是希望帮助教学上有不足的青年教师尽快改正自己，快速成长起来。郑家声老师也曾讲到，督导专家始终没有监督教师上课的意思，被听课教师如能积极配合，相信我们会相处得非常愉快，也能够取得较好的效果。他还曾贴切地将督导专家比喻成"小蜜蜂"，可以在听课过程中将学习、采集到的不同的优秀教师授课的经验和方法传送给其他需要的教师。可以说，督导专家们是高风亮节，胸襟广阔，同时又是用心良苦的。

接受督导的过程是一个教师在专家们的帮助下不断发现教学问题和不断优化教学工作的过程。教师们要明白，在督导的过程中，专家们虽是"挑刺"，但更是"成全"！教师应把握难得的机会，积极热情、诚恳谦逊，主动接受专家们对自己教学工作的督导。在督导过程中，督导专家是师长，也是同事、朋友，教师们宜打消顾虑，不必太过拘谨、谦卑，应积极主动以各种方式如面谈、电话、微信、邮件等与专家充分、平等地交流探讨。对于督导专家的意见和建议，也应辩证看待，并坚持举一反三，积极进行审视、剖析和修正。而对于拒绝督导、消极应对和拒不改进的态度则是断不可取的。

4. 教学督导工作与职能部门、院系工作的关系

教学督导工作是学校本科教学质量保障体系的重要组成部分，经过多年坚持不懈地修订完善和督导专家们的辛勤耕耘、无私奉献，切实起到了督教、督管、督学和导教、导管、导学的作用。但作为教育教学管理职能部门，我们要注意或要明确的是，不能以此替代我们正常的教育教学管理的监控措施和手段，而应将教学督导工作看作独立于校、院行政系统之外的对于教育教学状态进行宏观指导和监控、对教师教育教学能力进行监督和指导的力量。由于着眼点、立足点的不同，督导专家们所见、所感难免有偏颇和局限，职能部门不能仅满足于应对或解决督导专家们发现或提出的问题，而应以其为切入点，积极主动作

为,从全局性、系统性、持续性、发展性的高度进行问题的整改,这样才能真正地发挥教学督导工作的作用,也才能更广泛地调动校、院各层面的力量更好地做好教育教学工作。

周发琇老师说,教学质量保证的根基在基层教学组织,在实施具体教学管理的院或系。这也是我们基层院系应该具有的共识。院系应善于借助督导专家们的智慧和力量,积极夯实基层教学组织,发动更多的力量参与教育教学工作,进一步完善学院层面的教学质量保障体系;同时,可以参照学校教学督导工作模式,组建学院层面的专家队伍,为青年教师的教学、科研工作提供帮助和指导。

二、对几个问题的思考

1. 进一步提升教学督导工作的站位

近年来,全国各高等院校均普遍实施了教学督导制度,而我校教学督导工作在历经 20 年的实践探索的基础上,需要进行系统挖掘和梳理,形成宝贵的经验。同时,也要正视存在的问题和不足,要在新的起点上以新的视角探索新时代教学督导工作的趋势和方向。当前我校的教学督导工作多是个体式作战,团队式作战不够;关注局部的、个体的、点的问题多,关注全局的、整体性的、面上的问题少;教学督导工作的修补式特征突出,而引导性、引领性作用发挥还有所欠缺。教学督导工作需要进行深入的思考,科学的规划、统筹和设计,发挥团队工作的优势,以更高的站位审视和反思本科教学工作,使其成为引领本科教学深度改革的风向标和推动教学质量和水平提升的有力助推器。

今后的教学督导工作将进一步倡导个体与团队式工作相结合,积极促进督导专家的相互学习、意见交流和共识达成,提升视野和格局;加大对教与学工作的研究,分析、思考影响人才培养工作的规律性、普遍性的问题和瓶颈,总结和提炼具有预见性、前瞻性的工作理念、思路和策略、措施;提升"督"的效度,加大"导"的力度,从宏观的学校人才培养工作全局着手,包括学校教学管理规章制度和教学质量文化建设、专业人才培养的需要和社会需求、学生成长成才要素分析等,到微观的关注课程的教学目标设置、教学过程的设计与实施、课堂教学的组织与管理、实验实习的有效实施、学生学习成果评价,以及教师教学理念重塑和技能提升等方面,切实发挥教学督导作用。

2. 进一步丰富教学督导工作模式

教学督导工作将继续坚持"督""导"结合的工作原则,以个体式的督导向个体与团队督导相结合的方式,进一步推进"点上精准指导""线上持续帮扶""面上有力督进",形成"点—线—面"相结合的立体式督导体系。

点上精准指导,是指日常进行的对授课教师课程教学的随机督导、指导,与课程教学评估工作有机结合,相辅相成。

线上持续帮扶,是指督导专家一对一联系指导青年教师、首开课教师、问题课教师,多次性、持续性深度听课指导,重点帮扶。

面上有力督进,是指督导专家以个体或团队方式对学校教、管、学各方面工作开展的专项督导工作,如教学档案检查、教学秩序和学风建设调研、教学设施评价检查、通识课程专项督导等。

3. 进一步推进与课程教学评估、教学支持、日常教学管理工作的有效协作

进一步夯实课程评估、教学督导、教学支持工作,实施参评课程全过程的评估指导、全校范围课程教学的"点—线—面"立体式督导、教师教育教学能力培养的深度结合,三项工作彼此间有区别但不相离,形成相互融合协作、互助互补,而不重叠的工作态势,从而实现最大限度的覆盖,最大效度地推进教师教学能力和水平的提升。

进一步强化教学督导工作与教学管理职能部门和院系日常工作的协作,改变集中性的会议式、阶段式提出问题、解决问题的状态,借助现代信息技术手段和平台,畅通工作渠道,使问题的发现、提出和反馈、处理工作更及时,问题发现、反馈、处理常态化、日常化,提升工作的效率和效果。

4. 进一步发挥教学督导工作的辐射带动作用

教学督导工作所做的依然是模板性的工作,其实质在于为职能部门工作提供切入点,为院系提供具有可操作性的工作模式和参照,在于营造氛围,达成共识,形成重视教学、敬畏讲台、关心学生成长成才的质量文化。诚如前文所提到的周发琇老师所说的,教学质量保证的根基在基层教学组织,在实施具体教学管理的院或系。作为基层院系应切实担负起责任和使命。当前,学校层面的思路和设计已经十分清晰,我们希望学院层面亦能够形成类似的工作局面。

围绕教学督导工作,选优树先,进一步做好优秀教师和教育教学改革先进事例等相关工作的宣传,发挥模范示范和引领带动作用;注重挖掘学院教学工作亮点,倡导和鼓励先进,督促后进,促进学院间的互学互鉴,共同提高。同时,更全面地汇集、推广教学督导工作的事迹、经验和成果,更充分地展示督导专家工作的细节,以供更广大的师生学习、仿效和借鉴,营造浓厚的教书育人氛围,促进和带动更广大教师积极投入教学、改进教学,主动提升教学能力和水平,稳步提升教学质量。

教学工作重在稳定,要在持续,根在投入,本在热爱。教学工作不是朝夕之功,借用李凤岐老师文稿中的话总结:教学督导工作根植于学校领导的不懈坚持,感念着全校师生干群的热情支持,得益于教学督导的沟通护持,展现着"学在海大"校风的传承联持,这是我们海大人信念的秉持,也必将在今后的办学中勠力亘持。

第二部分

PART TWO

突出一个"导"字，倾注一片真情

——教学督导工作点滴体会

李凤岐 *

我校于 2000 年始聘教学督察，经数年积累，总结经验不断创新。从 2005 年改称教学督导，虽仅为一字之差，却凸显了我校教学工作理念的升华与管理指导思想的提高。

积 5 年的教学督察之实践，认真总结经验，查找不

足，与时俱进，创新地把督察改为督导，体现了学校教学管理指导思想和理念的大飞跃。当时，我还担任学校教学评估专家常设委员会主任之职，曾经参与过将教学督察改为教学督导的酝酿和建议，对这一字之改的必要性、可行性和有效性，认真讨论数次，自己当时还贸然认为是"充分理解"了其意义。然而，当自己作为督导的一员时，为何"督"？为何"导"？如何在"督"中突显"导"？顿感不是一件容易的事。为此，我警示自己，必须尽快进入角色，深入理解提高认识并付诸行动，把指导思想转换为实际运作，把好的理念体现于具体的举措之中。

首先要认真分析研究工作对象的情况和特点。当前教师队伍的主体是中、青年教师，他们的优势非常突出，最明显的是"三高"：高学历，高学位，高智商。

* 李凤岐，中国海洋大学环境科学与工程学院（原环境科学与工程研究院）退休教授、博士生导师，第四至六届教学督导专家，第五、六届教学督导团团长。督导工作在岗时间：2006—2014 年。

他们思想活跃,精力充沛,可爱可贵。当然,他们也有不争的"三缺":缺失担任助教的经历,缺乏教学研究的环境,缺少教学经验的积淀。作为督导,对他们的教学工作,应该尽力发挥其"三高"的优势,以我们自己教学经历多的长处,弥补他们所缺,优势互补,相辅相促,既"督"又"导"。

其次,也必须讲究督导的方式和方法。因为我们督导大都是"40 前",而且中、青年教师大多是"70 后","代沟"现象是客观存在的。在充满竞争的现实环境中,他们压力大、负担重,而我们则相对宽松,理应设身处地地体谅和理解他们承受的困难和无奈。换言之,就是需要我们倾注一片真情,寓"督"于"导",去关爱、引导和扶持他们。不然的话,若仗着一把年纪,"倚老卖老",年轻人不会买账;而"高人一等"的架势,很可能招致睥睨不屑的后果。

基于以上的考虑,我要求自己首先做到倾力敬业,力求业精。在从事督导的过程中,利用各种场合,抓住各种机会,以不同的方式表达和期盼"要敬业"和"业要精",总之要不忘突出一个"导"字。

一、要敬业,高扬师德,以教书育人为事业

教学有"法",我国有《中华人民共和国教育法》和《中华人民共和国教师法》及配套法规,深入学习之后感触颇多。党和国家赋予我们教师神圣的使命和光荣的任务,不辱使命,为人师表是我们的天职。不能把教书仅仅作为个人谋生的手段,而应以教书育人为己任,把教书育人作为自己追求的事业,兢兢业业去完成,并力求做出更多的成绩。毋庸讳言,目前有很多教师的科研任务较重,有的人在教学上投入明显不足。越是面对这样的形势,越有强调教学投入的必要,也更有高唱教书育人主旋律的现实紧迫性。解决教学投入不足的问题,重要的还是从提高师德觉悟入手,能真正做到敬"教书育人"之业,就会想方设法处理好教学与科研的矛盾,在教书育人方面投入必要的力量,而不致主次倒置。在与不少教师的交谈中,对他们的困境我深表理解与体谅,对他们的困惑,我们共同探讨原因和出路,支持他们合理的意见或要求,及时向上级反映,谋求解决。坦诚相待,消除了彼此的隔阂;共商措施,看到了解决的曙光;达成了共识,以敬业之心,激发主观能动性,就会有想法、出办法,提高教书育人的质量和效果。

二、业要精,博采众长,授业解惑艺求精

教学虽有法,而"教无定法"则是广为认同的观点。即教学方法可以灵活多样,不能拘泥于固定的模式。但是教无定法,并不否认教学还是有一些常规可资循依,也有许多规律和技巧值得借鉴。青年教师由于涉教尚浅,对此体味不深。其实,自己掌握的知识,如何教给学生,特别是教得活,让学生学得深,激发学生求知的欲望,引领他们创新的思维,并不是一件容易的事。通过教学评估、随堂听课或者听取学生反映等,发现部分教师的课堂讲授显得稚嫩和肤浅一些,有的讲授不甚得法,表达不够清晰,师生之间脱节,课堂气氛沉闷。对待这些问题,不能无视迁就,因为要对学生负责;但也不能停留于评说,更不能简单化的指责。督导的责任要体现出"导",应该针对出现的问题,引导当事者正视并重视存在的问题,寻找解决的办法,指导具体的措施。

例如,可以提醒教师注意:

课堂讲授——做到脉络清晰;

语言表达——力求生动活泼;

掌控课堂——适当调节气氛;

师生交流——引领学生思索。

也可以推荐优秀教师的教学,请他们去观摩学习,向他们学习深入浅出讲解的艺术,语言表达运用的艺术,板书设计使用的艺术,肢体语言增效的艺术等。

在督导听课中,也发现了另一种倾向,过犹不及,谨记如下,以为共勉共诫:

讲授的艺术——科学严谨而不艰涩玄奥,深入浅出而避歧义误导;

表达的艺术——生动形象而不枯燥乏味,课堂活跃而避浮华低俗;

交流的艺术——师生互动而不空洞说教,亲和交流而避迁就失责;

驾驭的艺术——关注学生而不放任自流,详略有度而避信马由缰。

回顾督导工作,可谓:督人似易,督己则难;导人不易,导己更难。身为督导,应先督导自己,要有自知之明,必须严于律己;作为督导,总要督导别人,则要力求客观、公正、科学地"督",更需倾注一片真情,突出一个"导"字,导出真情,导出实效。

这是我今后努力的方向。

关于教学督导工作中 8 个问题的思考

——教学督导 10 余年总结

周发琇*

在我 10 余年的教学督导工作中,就理、工科尤其理科课堂教学不断思考,期间观察分析了年轻一代的教学现状,回顾了我的师辈的教学和自己的教学经历,形成如下一些想法,以此作为参与教学督导工作的总结。

1. 教学督导是特定历史环境下的产物

大批年轻教师走上教学岗位,他们进校后迅速转换角色,走上讲台,因缺乏经验或经验不足,出现某些偏差;处于功力优势地位的科研工作对于教学秩序的冲击;教学基层组织弱化或缺失。在高校发展的当前阶段,为了保证本科的教学质量不至于滑坡,教学督导这一组织形式便应运而生。

教学督导是一种维护教学秩序、保障教学质量底线的措施,是当前教学质量保障体系里的一个重要环节,已经和正在发挥积极作用。多年来的教学实践表明,教学秩序正常运转,教学质量得以保障和提高,青年教师不断成长,其中离不开教学督导的积极作用。

2. 教学质量保证的根基何在

教学质量保证的根基在基层教学组织,在实施具体教学管理的院或系。

---

* 周发琇,中国海洋大学海洋与大气学院(原海洋环境学院)退休教授、博士生导师,第一至六届教学督导专家。督导工作在岗时间:2000—2014 年。

基层教学组织从管理意义上讲,当然应该有一套管理制度或条例,传统的或其他适用新形势的管理制度和办法,其中最重要的应该包括对教师的合理使用、培养、督导等事宜,创造条件使其有不断提高教学质量和学术造诣的机会。

制度(条例)的约束只能保证教学秩序的有效运转,但并非万能。学风建设才是根本的,是有效地实施管理的保证。学风的优劣是无形的,每时每刻都起作用的,是潜移默化的。在一个具有良好学风的院或系,在一个忠于职守、无私奉献、孜孜以求、恪守学术操守、诚实劳动、不图虚名的环境里,对一个新人来说,就是春风化雨,相反就难了。

学风建设是长期的最具战略价值的大事。学风是一种文化,良好的学风是一种取之不尽、用之不竭的资源,是一种无形的力量,推进良好学风建设,是保证教学质量的根本所在,是学科经久不衰的根本。教师不是流水线上的工人,企业尚且注重企业文化建设,高校如忽视学风建设,将一事无成。

教授应该成为学风建设的楷模,许多教授长期在教学一线,以身作则,为人师表,做出了很好的成绩,成为年轻教师的榜样,影响着年轻一代的健康成长。不可否认,也有个别教授长期游离于教学活动之外,对本科教学不屑一顾,即使勉强上课也不经心,甚至置教学的基本规则于不顾,这是令人遗憾的。

3. 关于青年教师

绝大多数的青年教师愿意搞好教学,为教学辛苦劳动,但缺乏经验,这需要时间,以积累课堂经验;他(她)们比较敏感,接受批评的心理准备不足。

当前青年教师在教学上面临两大问题,一是准确把握课程内容,从课程的基本概念、基本理论到整个的理论体系,准确无误地娴熟地掌握;二是教学方法的改进,比如在课堂上采取有效措施,与同学充分有效沟通,达成默契。二者之间是相辅相成的,但前者是一个课程成败的根本,没有这个根本,课堂上再花哨也不可能达到预期。眼下青年教师需要在这两个方面狠下功夫,以适应形势的发展。

一些刚接课不久的青年教师,对于课程定位,即课程在教学计划中的地位、作用需要在教学实践中不断体验和推敲,加强与其他课程的沟通,以增强教学计划的整体效应,提高宏观教学管理的效果,进一步提高教学质量。

PPT 已经成为课堂教学的主流工具,许多课堂已经放弃板书,青年教师尤其如此。对 PPT 与板书如何使用值得认真思考。多数同学认为,一些理论课,特别是有许多方程或理论需要推演的课程,例如像"高等微积分""理论力学""流体力学"等课程,根本就不适于使用或根本不应该用PPT,使用板书仍然具有不可代替的优势,尤其是教师的肢体语言,只有在板书中才会淋漓尽致地发挥作用;有些课程如"大学物理"等,单纯采用PPT演示的效果未必最好,PPT和板书相结合,有效发挥二者的优势,教学效果可能更好。PPT是一个课堂教学的重要工具,有其优势,但不可滥用,不可依赖。

4. 怎样看待青年教师偏爱科研工作

对于一流大学,精英教育,教学和科研是学校的两条腿,缺一不可。

对于一流大学的教授,这两条腿也同样缺一不可。因此,在一流大学里,对教学无论怎样强调都不过分,同样对科研无论怎样强调也不过分。

青年教师在其受教育的过程中,主要是以科研能力、科研成果论长短的,因此他们熟悉科研思维方式,偏爱科研工作。当他们走上讲台的时候,一开始不适应,甚或手无所措是可以理解的,尤其被告知讲授那些自己并不熟悉领域的课程时,更是如此;相反,那些有幸讲授自己熟悉领域课程的青年教师,那就自如多了。对待他们在教学中出现的问题,要分析,要慎重,不可轻易结论,尤其对于那些偶然出现的问题,他们需要时间,他们需要理解。

一个不具备科研能力或科研成果极少的教授,在一流大学是站不住脚的。我认为科研工作对于教学工作具有不可替代的正反馈作用,而教学工作对于科研工作同样也具有正反馈作用,二者是相辅相成的。一个有能力且具有良好教风的教授不会因科研工作而排斥教学,更不会因教学而忽视科研。

5. 关于个性张扬

青年教师因教育背景的差别、研究方向不同、讲授课程性质不同、文化修养不同、个性差异等,有一个个性与共性的问题。

当前,教学督导要面临各种性质不同的课程,因此更多地关注共性问题是不可避免的,这也容易导致忽视个性问题,甚或缺少挖掘或鼓励个性发展的自觉性,这就可能使一些青年教师的个性被抹平,失去张扬个性的机会。长此以往有可能会造就只有一种教学模式、一种教学风格的倾向,这与大学精神是相左的。

教学模式或教学风格应该是多种多样的,不可强求一律。热情奔放是一种风格,慢条斯理也是一种风格;语速快慢几乎是一种习惯,不可强求一个语速一种节奏。当然这和合理把握课堂节奏是两回事。

应该鼓励个性张扬，尤其对学术思想、学术观点、学术前沿等方面的问题更应该倍加鼓励。如此一来，教师在课堂上的风险就比较大，因而，宽容是一种理解，是一种鼓励。在课堂上，应该给予教师充分发表学术观点的空间，但课堂上过分花哨、流于形式、言之无物，是不应该提倡的。

改进教学方法对提高课堂教学质量显然是重要的，但教学方法应该因课而异，不可强求一律。某专家曾云"一学期的课老师来个三两次，就可以搞定"（大意），我对此不敢苟同。对于一些理科的课程这种教学方法行得通吗？又有专家称"教学方法决定教学质量"，本人也不以为然。其实，教学质量的优劣彰显的是学术造诣的高低。当然，也有学术造诣不错而上课平平者，但毕竟罕见，我觉得那是他没把教学当回事。

6. 积极督导谨慎评价

一堂课的效果并非按备课设计井然有序地讲下来就可以达到预期，课堂上缺乏激情、缺乏即兴发挥，就很难出彩。一个督导在课堂上一坐，对上课的教师无形中会造成一种压力，这种压力会使讲课教师拘谨和不安，实际上会在一定程度上抑制教师的自由发挥。

对一堂课的某些不足，就事论事无可厚非，是一种负责的态度，但因此而做出某种评价往往未必中肯，甚或偏颇。其实，即使那些大家，在一个课程的全过程也并非处处时时都出彩，总有高潮和低潮，更何况那些"尚未出道"的年轻人。因此应对一时的局部的瑕疵，虽不可熟视无睹，但宽容可能是更好的处方。

一个年轻教师的成熟需要时间，这里不妨借用孔老夫子的一句关于人才成长的格言"三十而立，四十而不惑，五十方知天命"，仿此改成"三十从教，四十而成熟，五十方可定论"。意即，在从教的第一个10年瑕疵百出，不断改善，在改善中慢慢成熟起来；第二个10年则是精益求精，具有统领全课程的能力和有效履行"传道、授业、解惑"之使命；到了奔五年龄段的教师已经定型，优秀也罢，非优秀也罢，可以定论，而名师级人物也大都出在这个阶段。20年教学实践造就的名师是经得起历史推敲的，是可以定论的。但是必须指出，这个成长过程，单纯的课堂教学是难以成就名师级人物的，与此同时必须具有坚实的科学实践，包括教学研究、科学研究、实验室工作、生产实践等研究性工作，单纯吃透一本书是不能成就名师的。课程教学评估中凡出类拔萃者皆然。给我印象最深的，有几个教学示范者,不是只在其课堂上优秀,在其科研领域都有骄人的成绩。

关于个别老师不情愿接受督导,甚或发生不愉快的"拒绝督导事件",看似个别,其实一定程度上反映了一部分教师对教学督导的心态,他们只是不说而已。公开表明态度的是直率的,应该尊重,不必强求。其实他(她)们未必讲得不好,再说,一个课堂突然进来一个陌生人,一定程度上干扰了课堂气氛,对教师形成了压力,这也是事实。

7. 关于学生

学生是教学的主体,是教师的目的而不是手段,教师应该以一种高尚的情操对待学生。绝大多数学生是来求学的,并非来混文凭的,这个基本必须坚持。学生对教师的教学评价应该有更多的发言权,我注意到,在课程教学评估中对学生的问卷调查,尽管其绝对分数多数偏高,但学生给出的相对排序与专家投票结果有许多相似之处。

加强宣传、教育使学生重视自己的权力。其实对教学进行反馈,是一种责任,也是一种权力。所谓责任是每一位学生对学校发展所承载的义务,所谓权力是每一位学生维护自身利益的法宝。要设计一个适合于学生问卷调查的格式,不必具名,力求便捷、有效、真实。经过认真的宣传、教育,大多数学生能够珍惜评教权的时刻就是学生评教含金量最高的时刻。

8. 教学督导需要再学习

现在,我离开学科前沿已有多年,对学科发展已比较陌生,对自己熟悉的学科领域的课堂教学内容尚可说出个一二,但对其他领域就是"隔行如隔山"了,真正要从学科理论体系的高度做出评论,或站在学科发展的前沿说个一二,就很难中肯了。因此就不得不更多地关注形式上的东西了。其实,课堂讲授的核心是得把问题的精髓讲清楚,从而使学生领悟和思考科学问题。表面的花哨虽然热闹,但未必有益。对于课堂上深层次的问题,外行只能"看热闹"了,很难看出"门道"。至于学科前沿问题就更难予以评说了。

督导本身对不太熟悉或根本不熟悉的课程的评价要慎重。我在督导过程中,常遇到的一种情况,就是不能对课程内容提出中肯的意见,而只能对一些课堂小节说出一二,往往言不由衷,当然,那些有严重缺陷的课除外。因此我想到,教学督导所涉及的课程除自己熟悉或比较熟悉的课程外,多数是不甚熟悉的,必定会遇到与我相似的问题,这样一来会形成一种更多关注课堂细节,而对课程内容不甚了解的趋势。如此长久持续下去,很可能会形成一种只强调细节而忽视课堂教学核心(内容、深度)的倾向,比如,有的教案在时间安排上精确到分,这确属一种认真,但这种预设的课堂程序是否完全有效值得思考。这种倾向一旦成为一种气候,其对于提高教育质量将是不利的。

督导需要再学习,古人云"昔仲尼,师项橐,古圣贤,尚勤学"(《三字经》)。我等并非圣贤,焉有不学习之理由,如仅凭感觉行事,则会导致故步自封,自以为是。事物在不断发展,新事物层出不穷,新的理念不断形成,形势要求教学督导再学习,以跟得上时代的进步,不辱使命,做好督导工作。

(注:以上问题是我最近几年经常遇到和思考的问题,现在毫无修饰地写下来,作为督导办的一碟小菜,以佐大餐,至于是否有下饭之功效就另当别论了。)

关于教学督导工作的感悟和建议

李学伦*

时光荏苒,岁月如歌。2020年是中国海洋大学实施教学督导制度20周年。20年来,学校历届领导对教学督导工作高度重视并给予大力支持,高教研究与评估中心(原高教研究室)悉心运作,教学督导工作已经成为中国海洋大学本科教学质量保障体系建设中不可或缺的力量,它也得到了学校领导及全校广大师生的充分肯定和高度评价。自2006年我被聘为教学督导专家,至2017年连续四届(第四至七

届)共计12年承担教学督导工作,为学校的教学工作尽绵薄之力,深感荣幸和自豪。回顾12年教学督导路,有些往事一直保留在我的记忆深处,难以忘怀,思来想去,借此机会写出以下感悟和建议,供有关领导、相关部门、现在和未来的教学督导专家以及广大教师参考。

一、坦诚相待,寓督于导,以导为主

要做好教学督导工作,一是必须端正态度,摆正自己的位置,绝不能让教师们有居高临下的感觉,应与广大教师坦诚相待,真心实意地与他们交朋友;二是讲究方式方法,既督又导,以导为主,听课之后一定要与授课教师进行交流,充

---

* 李学伦,中国海洋大学海洋地球科学学院退休教授,第四至七届教学督导专家。督导工作在岗时间:2006—2017年。

分肯定每位教师的优点和长处,善意地指出存在的问题和不足,提出具有指导作用的改进意见或建议(当时考虑不成熟或时间不允许则以后再找时间沟通、交流);三是向相关教师传播、推广本校优秀的教学案例以及有关教师的先进教学经验和教学方法;四是诚心征求、认真听取教师们对教学工作的意见和建议,据实向教师所在院系或学校有关部门(甚至学校领导)反映,帮助他们解决思想困惑和教学中的困难;五是密切关注国内外高等教育的新形势、新思想、新动态和新问题,加强自我学习和研究,不断创新,与时俱进地开展教学督导工作。

二、提高政治敏锐性,重视教学内容的政治性和思想性

教师在备课和制作课件的过程中,一定要有政治意识,始终保持高度的政治敏锐性,对教学内容认真筛选、严格把关,避免出现政治性错误。记得在我听过的课程中就曾经遇到过有政治错误的讲授内容。例如,有一门渔业方面的课程,在制作的课件中引用了日本水产厅绘制的"西北太平洋各国渔获量图",在该图中一是将中国台湾作为国家与中国、俄罗斯、日本等国家并列,二是将我国领土钓鱼岛标为"尖閣"(日文汉字;日本把我国"钓鱼岛诸岛"称为"尖閣列岛"),授课教师竟然没有意识到这是严重的政治错误。再如,有讲授经济管理和国际贸易方面的两门课程,授课教师在介绍"亚太经合组织(APEC)"时,说它由21个成员国组成(应当是21个"成员",而不是21个"成员国"),这样就等于把中国台湾和中国香港(它们是以地区经济实体名义成为该组织成员的)也当作国家了。事实上,世界上有很多经济、金融、文化、体育、医药卫生等行业的国际组织,其成员并非都是主权国家,有些成员是以地区某某行业实体名义参加的,当涉及这类问题时,必须十分警觉,务求准确,马虎不得。

参考外国文献、引用外文资料、借鉴外国案例,是教学工作中常有的现象,也应当大力倡导和推广。但是,对于外国的东西,绝不能照搬硬套,要舍得花大精力、下大功夫,先行消化,在此基础上取其精华,去其糟粕,特别是要扬弃西方思想和西方文化中那些有可能带来负面影响的东西。在做中外对比时,要避免崇洋倾向,引导学生增强国家主人翁意识,树立奋发图强的意志。

教师在传授知识的同时,切忌一叶障目、以偏概全,必须坚持正确的导向,始终传播正能量。但是,有少数教师对这个问题认识不足,缺乏政治敏锐性,判断是非的能力不强,授课时就出现了错误的导向。例如,有一门营养与健康方

面的课程,授课教师将社会上出现的制假造假行为、假冒伪劣商品、有毒有害食品等个别现象说成是普遍存在的问题,并把这些问题归结为社会主义初级阶段法制不健全的必然产物。再如,有一门环境保护方面的课程,授课教师认为将城市中的工厂搬迁到农村就是把污染转移到农村。还有一门工程环境方面的课程,授课教师认为大搞基本建设和快速发展经济是造成生态环境恶化甚或破坏的根本原因。这样一些错误的认识和观点,必然会对学生产生误导和负面影响。因此,教学导向问题也应当引起广大教师的高度重视。

有的教师授课时,为了能够吸引学生的注意力、提高学生的学习兴趣,往往穿插一些幽默风趣的故事(小段子)或逸闻趣事,但必须注意其思想性和准确性,不能传播那些未经核实的信息和格调低下、特别是带有低级趣味色彩的东西。

三、在教学工作中用好网络这把双刃剑

网络作为现代传媒的重要载体,具有强大的信息传播功能,现已成为广大教师教学、学生学习不可或缺的工具和手段。当下,教师、学生利用 QQ、微信、微博等新媒体,为教学活动提供了便利、快捷的交流平台。但必须明白,网络是把双刃剑,其负面作用和影响不容忽视。年轻人如果自我控制力不强的话,很容易上网成瘾。希望年轻教师和学子们千万不要沉迷网络,产生网络依赖症。有些教学环节,如教学实践、专题讨论、辅导答疑、批改作业(有的教师将作业的答案传到自建网络教学平台上,让学生比照批改)等,不能完全依赖网络教学平台,师生之间面对面的交流和沟通是网络所不能替代的。

四、课程教学评估重在促进课程建设、教师教学能力和教学水平的提升

学校开展本科课程教学评估工作已经 30 多年,其对于深化教学改革、推进课程建设、提高教学水平、稳定和提高教学质量等方面发挥了重要作用,对提高本科教育教学质量、实现教育目标做出了重大贡献。参与学校的课程教学评估工作也是教学督导的职责之一。我在担任教学督导期间,曾经分别作为学科专家、同行专家、横向专家多次参与学校本科课程教学评估工作。本人以为,本科课程教学评估绝不是简单地为参评教师打个分、评个等级,而是应当遵循"以评促改、以评促建、评建结合、重在建设"的原则,通过课程评估,促进课程建设、推

动课程创新、改革教学方法、提升教学水平。同时,课程评估的过程,也是众多教学专家(学科专家、同行专家、横向专家以及广大教学督导)集中力量具体指导、培养师资特别是青年教师的重要途径。因此,学校历届领导和有关部门都高度重视本科课程教学评估工作。为使本科课程评估工作更有成效,有必要再做一些改进,以便更充分发挥其在课程建设中的鉴定、诊断、导向等方面的作用。

1. 进一步修订、完善本科课程教学评估指标体系

课程教学评估指标体系要与时俱进、要有利于促进课程建设、有利于调动学生参与教学活动的积极性、有利于提高教师的教学能力和教学水平。因此,在修订本科课程教学评估指标体系时,适当增加诸如课程内容创新、教学技能和教学方法革新、调动学生参与教学活动的程度和效果等在本科课程教学评估指标体系中的权重。

2. 适当增加评估专家的听课次数

如果大家认可课程教学评估的过程是对参评教师的培养过程,则应当增加评估专家的听课次数。我认为,学科专家和同行专家至少对每位参评教师听 3 次课,横向专家至少听 2 次课。第一次听课应当在评估的初期阶段(前 3 至 4 周),主要是了解情况、发现问题、分类指导,传递其他教师的先进教学经验和教学方法;第二次听课安排在评估的中期阶段,主要是检查、督促、鼓励,肯定进步和改进的地方,对存在的问题与不足做进一步指导;第三次听课安排在评估的末期,肯定其特色、优势、改进和提高,指出其需要进一步改进的地方和继续努力的方向。评估专家们如果听课次数偏少或者集中在某个时间段听课,在某种程度上会降低对参评教师的指导和培养作用。

3. 吸收更多的教学督导参与横向评估专家组的工作

横向评估专家对评估课程全面听课并进行横向比较,能够解决各学科组的专家不能全面听课进行横向比较的缺憾和局限性,横向专家组的作用至关重要。根据本人的经历,横向专家组的成员中担任领导职务或在职的专家很难做到对参评课程全面听课,也就很难对本组课程形成全面的评价意见,鉴于此,建议每个横向专家组吸收 3 至 4 名(最好是已经退休的)教学督导参与这项工作。因为教学督导特别是资深督导教学经验比较丰富,知识面也比较广泛,更重要的是在时间上有保障,能够按照评估要求完成听课门数和听课次数。这样,横向专家组提出的评估意见就会更客观、更公平、更公正,在终结性评估时的可信

度就更高,有利于保持课程教学评估的公信力。

五、青年教师的培养工作任重道远

青年教师是学校教学工作的主力,更是学校未来的希望。学校领导和有关部门历来重视青年教师的培养工作,为此做了大量卓有成效的工作,如每个学期都将首开课列为教学督导工作的重点,再如不定期地举办教学观摩活动,还开展过教学督导与首开课青年教师一对一的跟踪指导、帮扶工作等,这些工作对青年教师的培养发挥了重要作用。但是由于学校青年教师人数众多,而且每年新进青年教师数量也十分可观,面对如此庞大且日益壮大的青年教师队伍,单靠学校层面的培养是不现实的。

在收到高教研究与评估中心的征文函后,我查阅了20余份《教学督导工作会议纪要》和部分有关教学的专项调研报告,几乎每份文件都强调青年教师的培养问题。可见,青年教师的培养是一项持续的永久性的工作,任重而道远。我认为,青年教师的培养工作可以分三个层面来抓:一是学校从宏观上制订青年教师的培养规划(或计划),出台相应的政策(包括培养目标、任务、指导教师和青年教师各自的职责、酬劳、奖惩等);二是将院系作为培养青年教师的主体,根据学校的规划(或计划)、政策,结合本院系的实际,制定相应的培养方案,并付诸实施,落到实处(这是至关重要的);三是教务处、人事处、高教研究与评估中心、教学支持中心等职能部门负责检查、督促和指导。只要上下齐心合力,常抓不懈,做细做实,持之以恒,我们一代又一代的青年教师,都会成长为教学战线上的栋梁之材。

悠悠十二载,依依督导情。现在虽然离开了教学督导的岗位,但心里总是记挂着教学督导的事情。在这喜迎教学督导建制20周年之时,真诚祝愿我们的教学督导工作能够不辱使命,与时俱进,勇于开拓,不断创新,为学校的教育教学事业做出更大的贡献。

专业教研室建设为什么很重要

罗福凯*

大学里的教研室是系组织内部的教学和研究小组,因此也称为教研组、教学研究团队和课程教学中心等。它是根据专业发展情况将专业内部联系比较紧密的相关课程组成一个教学研究组织。通常,一个教研室承担五门左右的主要课程,由五至十位教师组成,至少有一个学科。学科的出现及其分类(划分)是教研室组织产生的基

础。教研室建设是教师提高教学质量的必要条件(非充分条件),也是专业培养方案得到全面落实以及老教师指导新教师并夯实师资队伍建设的基础。

一、教研室是大学里的基层教学组织

(一)教研室与系组织的职能不同

大学中,学院由学科大类组成,系由专业组成,教研组由课程和学科构成。本科生的专业原理课和通识课以及研究生的基础理论课,一般归集在基础理论教研室。专业主干课程或核心课一般归集在应用研究教研室;而技能型课程、实践型课程和其他相关课程通常归集为实验发展教研室。

根据社会分工和生产力发展需要,大学承担着教学、科研、社会服务和文化

* 罗福凯,中国海洋大学管理学院教授、博士生导师,第六至八届教学督导专家。督导工作在岗时间:2012—2019 年。

传承等职责,生产、研究和传播科学技术知识,培养人才。大学基层教学组织的功能是维护教学研究的有序性,如果没有教研室的组织,则教学活动秩序就会受到影响。现在大学里的党政机构和学生社团组织过多,专业教学组织过少过弱、是我国大学教育质量不高的主要原因之一。

系组织不能替代教研室。系组织主要承担专业教学理念和教育思想的劝导、管理制度建设、专业培养方案研究、专业发展规划、学科发展规划以及教师队伍建设和教学组织建设等工作。教研室是授课教师相互告知讲授内容及其难易程度和进度、探讨教学过程中学生学习问题和教师教学问题的必要组织,其基本任务是课程建设、学科建设和提高学生学习质量,诸如课程优化和重构、教材编写和修订、课件开发、作业开发和设计,以及组织专业实习等。大学自产生之日起发展至今天,其内部组织一直是按其自身规律发展,即按照学科大类设置学院、按照专业设置系、按照课程性质(小学科)设置教研室,教研室是大学的基层组织。

理学院、工学院、农学院、地学院、生物生命医学院和天文航天学院以及经济与管理学院、法学文学院等,都是按学科大类设置。专业是学科的最小单位,所谓最小单位,指的是专业之下不再可分,没有子专业和分专业之说。一般地,系按专业设置。当某一专业不强时,可以同另一专业共同设置一个系。当某一专业发展起来了,最好按专业另外设系。一个专业要开设通识课、专业基础课、专业主干课、专业相关课程,以及专业实践类课程。因此,教研室通常分基础理论教研室、核心学科教研室、相关课程教研室等。

以会计学专业为例,会计专业主要有财务会计、管理会计、审计三个学科,因此,可以设会计基础理论教研室、财务会计教研室、管理会计教研室、审计教研室,每个教研室负责承担4～8门课程。财务管理专业主要有公司财务学科、数量财务学科,因此,财务管理专业最好设置财务基础理论教研室、公司财务教研室、数量财务教研室,同理,每个教研室至少承担5～10门课程。

(二)教研室存在的好处

著名教育专家弗莱克斯纳在著作《现代大学论——美英德大学研究》中提道:"人类的智慧至今尚未设计出可与大学相比的机构。"在这里,学科和专业是有区别的不同概念。在古代,我国不重视科学知识分类。今天的数学、物理、化学、生物、天文和地学等基础科学的划分,主要是西方人的贡献。在基础科学基础上衍生分化出很多新的工程技术等应用科学。学科有大类学科和小类学科、分学科和子学科之分,甚至有一级学科、二级学科之分。这些是科学学的规则,学科主要是科学学的概念,课程是专业内部的小学科。大学教师是专业知识分子,既要讲好课又要了解大学组织构造,进而明确个人岗位和所在组织的性质及其工作目标。

教师们在上课时,一不小心就可能讲深了、讲少了或讲多了,这就需要专业任课教师随时在教研室内部交流讲课进度和讲课效果,学生作业异常现象需要在同一学科的教研室内部进行分析并寻找根源。一个专业的某一原理和定理有时会出现在不同的课程里,该原理和定理应该在哪一门课程里是核心知识,在哪一门课程里是涉及的辅助性知识? 如果是课程的核心知识,教师不仅要解释该原理和定理内容的理论渊源和现实背景,还要解释该原理和定理是如何发现的。这就需要不同课程主讲教师在课前进行沟通商量。教研室组织建设是教师交流课程进展的基本保障。教研室组织是教师备课之家。

如同一位计算机工程教师讲课时讲到了一个数学问题,任课教师应对该数学问题有比较深入的专业理解和掌握,即便如此,也不可随意讲得较远,否则容易讲偏或讲得不准确。产生该问题的原因可能有三个方面:第一,计算机教师毕竟不是数学教师,人的知识具有有限性,对专业所在大类学科相关理论缺乏比较深入的理解,对基础科学缺乏系统全面的学术训练,这很正常。第二,各专业之间、系与系之间的教师很少进行专业内容的沟通交流。第三,同一专业内容教师之间很少开展授课内容的讨论和沟通。非专业教师与专业教师之间缺乏沟通,使得非专业教师在讲课时难以把握专业理论和技术方法的准确性及其理论进展。我的专业是财务管理,作为教学督导听课时,经常遇到工商管理专业、会计学专业教师讲课时涉及财务理论而讲偏了、讲错了的情况,但你又不能从学生席座位上站起来告诉教师讲错了。所以,我讲课时涉及会计学理论和准则时,总是小心翼翼,决不要越出边界。著名财务学家沈艺峰教授年轻时,在著名的《中国经济问题》期刊发表了一篇题为"经济学家不懂财务学致错——对张军'从剑桥到芝加哥'一文的指正"的文章,写的就是该问题。当教师遇到一些专业性强和比较深奥的理论问题不好交流时,教研室内部讨论最合适。

学院组织的专业学术报告会、系内部学术研讨会和教研室活动,具有专业知识外溢效应,基本可以避免上述问题。教研室主要是面对日常教学活动课程内容争议和沟通而产生的大学基层组织。很明显,教学一线的教学组织建设十分重要。大学院系内部的教研室如同工厂内部的车间或班组,如果工厂里的工人只知道自己在哪一台设备上操作而没有车间班组的组织系统,仅靠厂长一人指挥生产,那么,整个工厂和车间班组里的生产秩序一定是混乱的。因为厂长一人是无法同时照看到每个工人的工作状态的。同理,在大学里,校长和院长也是无法同时看到每个教师的上课情况的,即使是在线视频教学也如此,但教研室同事之间或系主任则基本上可以清楚知道每位教师的讲课状态。

(三)需要进一步重构和加强教学基层组织建设

当前,由于各系、教研室组织形同虚设,而且系主任和教研室主任也都是教师角色,没有明确的工作定位和职责,教学经费的分配只有学院和系经费计划,没有细化到专业和教研室。所以,在教学一线,教学组织早已被弱化和边缘化。

在我国部分大学里,由于科研任务压力和科研指标刚性,学院里的系和教研室早已自动解体,取而代之的是自发组织的松散型课题学科团队。课题学科团队代替专业教研室或专业教研团队的做法,具有组织程序简单、组织形式灵活多样、利益分配单一、成本低等优点,其不足是以完成临时课题任务为目标,基本上不考虑教学工作,教育规律和科研规律更多地被商业规律所替代。而教研室和系组织的建立则需要长时间,其组织程序和规则较复杂,成本高;其学术严谨性要求也比较高。显然,课题学科团队与教研室之间,二者的目标和工作重心不同,课题团队替代教研室达不到应有的教研效果。

二、教研室是大学教师的工作研究场所

(一)教学研究的最佳场所

科学技术的快速发展和信息技术在教学中的广泛应用,使得大学教育方式的改进面临重大的挑战和机遇。科学理论的学习和研究建立在专业学者质疑、讨论和修正等学术活动之上。教师工作中发现和碰到问题,诸如专业理论的重大发现、技术方法的改进、实验结果问题,以及教育信息技术问题等,需要讨论研究时,教研室是最佳场所;不同课程之间的内容协调和讨论,课程大纲的推敲和改进,教材和作业的编写、修改和讨论等,教研室是最佳场所。在专业培养方

案既定情况下,教研室还可自行组织教师每学期的授课任务和学生调课申请,节省院系管理成本。

(二)专业学术研究的基本场所

在一个专业内部,本科生、硕士生和博士生的教学工作通常是同时开展的。在基本的课程教学基础上,本科生要进行专业学术研究的初级训练,硕士生要进行专业学术研究的专门训练,博士生要进行专业学术研究的高级训练。虽然本科、硕士和博士的培养目标不同,但其教学内容紧密相连。这就需要教师们加强学术沟通。教师们开展学术讨论,课程组或团队教师讨论样本和数据,分析研究假设,修改和讨论文章稿件,甚至论文投稿和课题申请,以及小型学术报告会和专业研究方向与研究领域分析等,教研室组织都是最佳研究场所。

(三)师生交流和答疑的重要场所

大学的教学楼和教室较多,较分散。教师如果逐个找学生则缺乏效率;反之学生请教教师成本很高。教师辅导学生,解答疑难问题,指导学生学习和研究,教研室组织是最佳场所。

课程平时测验和小考,以及毕业班实习的组织和毕业论文的指导,只能由教研室组织——由课程主讲教师与学生直接联系,才能做到效率最高。现在,很多专业以系为单位统一组织实习,实际是让学生“放羊”(美其名曰“分散实习”)。放弃教研室活动这一教学必要环节,会使得教学工作偏离教学规律和教学的本质。

三、加强基层教学组织建设的思路

现在,教师队伍或教师阶层是大学里最薄弱的领域。一些少量专业理论出色的大学教授基本上脱离了教学岗位而成为事实上的专职科研人员;还有一些优秀的教授兼任院长和系主任,其每日工作的相当一部分内容是为学校负责和满足学校行政管理需要,而非师资质量建设、专业课程和教材建设以及学科发展规划思考,长此以往,许多优秀教授就淡化了专业科学知识。还有一些优秀教师直接转岗为专职党务行政管理者。最重要的是大学教师的主人公意识有所丧失。如果大学主要依靠法制和教育规律办学,遵循大学自身组织运行机制开展教学与研究活动,教研室就会发挥应有作用。假如大学主要依靠行政而非法治、依靠权力而非机制,教研室作为组织系统的最末端,自然不重要。现在,大学里开展立德树人活动,强调思想政治工作建设,提升教师的工作热情、积极性和责任心,才是正确和必要的。所谓立德树人,就是尊重科学知识和教育规律,实现人的全面发展的教育目标。

高等教育的可持续发展,大学本科教育教学质量的提高,仅靠专业教师投入大量劳动、承担大量课程,可能难以奏效。本科教学质量的提升,从根本上说是依靠专业教师学术理论水平和敬业程度的提升,以及学生的积极参与。教师是本科教学工作的主体,教师应有自己的工作组织,基层教学组织建设是教学工作发展的基础。

重建教研室组织。按专业建设系组织,系一级的名字要规范,要涵盖该系的所有专业。每个系应至少设有一位专职教学管理人员。按学科划分教研室,加强教研室建设(一个教研室通常是四至五门课程的一个集合。一个教研室至多是两三个学科,研究领域和方向很接近,便于商量和讨论问题),一个专业至少应有三个教研室。

大学历来是人类思想库。大学应引领社会而非大学跟着社会跑。大学与企业、政府、民间社团和社会其他组织相比的主要优势,在于其理论研究能力,大学因科学理论而生。现在人们过度重视实践实务和案例,忽视理论教学,这是在放弃大学的优势。在技术操作领域,会计学教授难以同会计师比武、科学家难以同工程师比武、文学家难以同作家比武,这是因为各自工作所在的组织系统环节和工作性质及其目标不同,而不宜妄自菲薄。充分认识大学的性质,遵循教育教学规律,制定和完善相关规章制度,健全和规范教学组织系统,这是重建教研室和是否能够正确和充分发挥教研室职能的基础。

作为教师,看书讲课和教研都是本分。教师不能改变教育制度、商业规则和行政管理,但能决定讲课内容、教材选择和组织教研活动。尊重教育教学规律的首要含义是尊重教师劳动的科学性和学生学习的规律性。如同工厂里的车间班组,虽然其结构和形式有变化但性质未变,教研室组织是大学运行秩序的基石,探索和改进教研室组织建设是大学教师自主工作的保证。

基于思政课特点的教学督导浅析

王萍*　■

2019年3月18日,习近平总书记在北京主持召开学校思想政治理论课教师座谈会。会上,习近平总书记将思想政治理论课(以下简称为"思政课教学")称为"关键课程""不可替代"的课程,这是对思政课的精准定位。思政课能不能真正发挥好立德树人的关键性、不可替代性作用,归根到底还要看思政课的教学质量。思政课教学督导对教学工作进行监督、检查、评估、指导,是加强高校思政课建设、提高思政课教育教学质量和教师队伍整体水平的重要环节

和手段。目前我校教学督导工作的研究和实践更为尊重不同学科的特点和差异,如正在完善对实验、体育、艺术学科的特色督导,但是对于思政课的特殊性和与其他人文社会科学理论课相比的差异性区分研究尚未深入展开。

一、思政课教学督导的基础性指标与评价体系要遵循党和国家的统一要求

进行督导就应有科学、清晰的评价体系作为督导标准。对于思政课的督导,除了遵循高校理论性课程共同的规律性要求之外,党和国家还有明确的思政课建设新内涵、新任务、新方法。2018年教育部印发的《新时代高校思想政

---

* 王萍,中国海洋大学马克思主义学院教授,第八届教学督导专家。督导工作在岗时间:2019年至今。

治理论课教学工作基本要求》文件中除了对教育教学的指导思想、基本原则、课程学分、实践教学等有统一要求外,还对高校思政课的学生学习顺序、教学班规模、教研室建设、集体备课制度、课堂教学纪律、课程考核方式等做了更为明确的统一规定。2019年8月中共中央办公厅、国务院办公厅印发的《关于深化新时代学校思想政治理论课改革创新的若干意见》文件就思政课课程目标、课程体系、教师队伍建设等方面进一步做出了明确部署。这既为落实思政课的本质属性要求和使命担当要求提供了基本前提和保障,是新时代深化学校思想政治理论教学的指导性文件,也是开展思想政治理论课教学督导的基础性指标和依据。

对于思政课教师的基本素养,习总书记提出了政治要强、情怀要深、思维要新、视野要广、自律要严、人格要正等六种素养;对于如何推动思想政治理论课改革创新,习近平总书记在讲话中提出了"八个相统一":要坚持政治性和学理性相统一;坚持价值性和知识性相统一;坚持建设性和批判性相统一;坚持理论性和实践性相统一;坚持统一性和多样性相统一;坚持主导性和主体性相统一;坚持灌输性和启发性相统一;坚持显性教育和隐性教育相统一。教育部部长陈宝生在调研全国高校思想政治工作会议精神落实情况时提出"有虚有实、有棱有角、有情有义、有滋有味"十六字是上好思政课的关键。"有虚有实"是指在理论学习过程中,既要讲好经典理论,又要关注困扰学生的现实问题;"有棱有角"是指不仅在原则问题上要有坚定立场,具备底线思维,而且在课堂管理上也要严格要求;"有情有义"是指思政课在认知教育的基础上,强化情感教育和价值观教育,使课程更有温度;"有滋有味"是指最大限度提升思政课的教学效果,使其内容、形式不断丰富,思想性和趣味性更加突出。以上这些内容,构成了新时代思政课及其教师的专业标准和专业内涵,对于提升新时代思政课教学督导工作的专业化,具有十分重要的指导意义。

二、思政课教学督导要坚定政治站位,以"价值引领"为基本导向

鲜明的政治导向性和政治意识形态性是思政课的本质属性,也是思政课区别于其他课程的根本标志。思政课教育教学要始终旗帜鲜明地讲政治,始终坚持引导大学生树立正确的政治意识和确立坚定的政治取向,这是各门思政课开设的统一性要求。严格遵守政治正确,与党中央始终保持高度一致,宣传、传

递、维护意识形态,这是思政课教师的显著特点。这不仅和理工科教师不同,与人文社会科学其他领域的教师也是有差别的。教学督导在对思政课教师的要求上,要把"严肃课堂教学纪律"放在第一位,保证思政课教师在课堂教学中始终坚持马克思主义立场、观点、方法,在政治立场、政治方向、政治原则、政治道路上同党中央保持高度一致,坚定不移维护党中央权威和集中统一领导,对于不符合政治性要求的教师,应一票否决。

知识传播和价值塑造是课程的两大功能。而价值塑造更是思政课责无旁贷、重中之重的要求,特别是帮助学生树立崇高的理想信念,树立正确的世界观、人生观和价值观等。它与传授知识有关,但又不仅仅是传授知识。思想政治理论课的教学督导应紧紧围绕"铸魂育人"的根本要求而展开。从我校思政课教师学科背景看,除少部分有马克思主义理论和思想政治教育的学科背景外,有超过半数的思政课教师专业背景分别为哲学、法学、历史学、经济学、社会学、政治学、管理学等学科。基于各自的学科背景,有的教师就会有意或无意地将"基础"课讲成了法律课、伦理学课程,将"纲要"课讲成了纯历史课,将"原理"课讲成了纯哲学课、经济学课程,即只注重了知识性传递,丢掉了政治性引领和价值性引领,偏离了思政课本质属性和使命担当的内在要求。因此,"督""导"结合,以"督"促改,以"导"促进,帮助思政课教师始终准确把握思政课的本质属性和作为思政课教师的岗位要求与角色特点,处理好知识传授与价值引领之间的关系,让思政课教育教学在阐述学理的同时坚定政治方向,传递知识的同时更要有价值性引领,这是思政课教学督导的工作方向和核心要求。

三、教学督导要深度参与青年教师教学提升过程

随着国家对于思政课教师队伍建设的重视,近年来,我校马克思主义学院青年教师不断增多,且多数为非师范类学校毕业、非马克思主义学科背景。他们虽然在上岗前均参加了学校举办的青年教师岗前培训,系统地学习了教育学方面的相关知识,听取了学校老教师的教学经验介绍,但岗前培训时间短,培训内容过于片段化、理论化,同时由于他们尚缺乏教学实践认知,难以形成共鸣,难以转化为自己的经验,从而导致培训效果不能令人满意。

据与兄弟高校的沟通交流了解到,当前我国各高校教学督导工作的模式具有很大的相似性,课堂听课督导是工作的主要内容。而在课堂听课督导过程

中,督导专家与任课教师的交流大多局限于课间,由于课间交流时间的限制,导致督导活动"督"多"导"少,交流时督导专家一般也只能突出重点,来不及较全面、详细地提出改进的意见和建议;而教师对于督导专家所提出的建议到底落实与否又少有后续的跟踪评估与督促检查,这就弱化了督导工作的价值和作用,不能切实解决青年教师教学过程中的实际问题。因此,教学督导深度参与青年教师教学的整体改进和教学水平的提高可谓刚需。

教学督导深度参与,即结合一帮一、一帮多等方式对青年教师教学全过程,包括备课、编写教案、课堂教学、课外辅导、实践教学、考核方式等各环节进行监督、检查与评价。

(1)备课:这门思政课要让大学生收获什么,施教过程如何满足课程目标的要求,这个教学内容主要解决大学生的什么疑惑,以什么样的话语方式开展教学更能激发大学生的学习热情……通过备课辅导,使他们明确备课要求。

(2)参与教案编写讨论:对教案里的章节框架、教学内容间的衔接和过渡、案例等提出参考意见,帮助他们梳理与丰富教学思路,把教材体系创造性、个性化转换成教学内容,并把自己多年教学经验传授给他们。

(3)随机听课与跟踪听课相结合:根据青年教师教学状态不同,有针对性地听课,对教学基础较差者予以跟踪指导。通过听课了解青年教师的教学过程,掌握他们上课的优点和不足以有的放矢。

(4)实施课间交流与课后交流相结合的方式:由于课间交流时间较短,只能对他们上课的整体情况给予评价,特别是对他们在课堂上的优点和不足进行点评;而对于一些需较长时间讨论的问题,宜把它放到课后进行,这样可充分探讨如何组织处理教材、如何实施启发式教学、难点如何化解、重点如何突出、幽默诙谐语言如何利用、如何进行教研反思等问题。

总之,督导通过深度参与青年教师的教学活动,可以使他们能够在较短的时间里站稳讲台,教学能力和水平得到一定程度的提高。当然青年教师要想成长成为一名优秀教师,还需要通过自身更长时间的艰苦努力和不断积累,并在教学实践中逐步确立自己的教学特点和教学风格。

四、完善思政课督导队伍,实现最优化督导

目前各高校教学督导专家队伍的构成,一般都是以退休教师为主体,他们

的优势在于具有强烈的责任感和丰富的教学经验,而且也具有超脱性;但不足之处也同样存在,即可能因脱离一线教学实践而导致意识敏锐度下降、对新事物的关注度不足、思想认识落后于社会实际发展、对新兴的现代教育信息技术和教育教学思想观念学习不够等,从而导致对教学工作的话语权下降,而这一方面在思政课的督导工作中无疑会体现得更加明显。

基于具有鲜明的"与时俱进"的特征,思政课必须及时反映党的理论创新成果和中国特色社会主义建设实践的最新发展;教材经常修订,教案时时更新,而且这一现实性特征,不仅体现在教学内容方面,也体现在教学方法上,课堂教学必须使用最新的话语。基于如上客观状况,缘于思政课自身特质需求,可以设想一位长期脱离思政课教学岗位的退休教师,即便曾经是该课程、该领域的专家,若以过往的教学模式来审视当下的教学实践,无疑是不够客观和不切合实际的。因此,在职思政课程督导专家的聘用对保证思政课督导工作的科学性、严谨性是十分必要的,必要时可聘请若干校外思政课专家,完善和改进教学督导队伍的构成,以提高思想政治理论课教学督导工作的质量和效率。

关于我校美育教学工作的一点思考

修德健*　■

　　海大校园里的建筑具有独特的美。它见证着海大的历史和文化,体现着"海纳百川,取则行远"的精神气质。工作中有时陪同国外来的专家学者参观海大校园,漫步具有年代感的鱼山校区和富有朝气的崂山校区,观赏校园里的建筑,参观者都异口同声地、由衷地赞叹道:"海大校园真美。"往往是第一印象就让参观者喜欢上了海大,足见建筑美所具有的魅力以及所蕴含的力量。

　　建筑讲求风格和特色。海大校园的建筑虽然不见浓郁的中国风,但它与青岛的地形特点和城市发展的脉络紧密相连,建筑与城市之间体现出一种和谐统一之美,给人一种旷远深邃的空间感,显示出不囿于本土的超越感,校园因此而独具魅力。走在其中,不由得会放慢脚步,心中油然而生一种重温近代历史的严肃感和凝重感,有时也会驻足冥想片刻,使身心得以舒缓。从这个意义上说,海大校园里的建筑就是海大人的精神家园,它契合着"海纳百川,取则行远"的校训精神,也默默地时刻不停地将这种精神转化为一种力量,一种敢为人先、勇于超越的无畏的力量,这正是校园建筑的美所蕴含的教育和感化功能,抑或称作美育效果。这种美学功能同样也在海大校园环境的其他方面发挥着积极作用,鱼山校区的巨树绿荫,崂山校区的樱花海洋,正在成为感化所有来这里的人的重要力量。

---

　　* 修德健,中国海洋大学外国语学院教授,第八届教学督导专家。督导工作在岗时间:2017年至今。

由此看来,美的力量,美育的功能不可忽视。

美育可以从狭义和广义两个方面来把握。狭义的美育,可以理解为以艺术教育为核心、以培育审美意识和美学素养为目的的教育实践活动。广义的美育则可以理解为蕴含着美学原则的所有教育实践活动,目的在于培养学生理解美育的本质内涵、育成理想的审美境界并促进其内化成各自精神世界不变追求的源动力的教育活动。

习近平总书记在2018年9月10号召开的全国教育大会上,在阐述培养社会主义建设者和接班人时强调:"要全面加强和改进学校美育,坚持以美育人、以文化人,提高学生审美和人文素养。"这一阐述把加强和改进学校美育工作提升到了一个新的高度,强化了美育在学校人才培养中的地位,为我们吹响了全面深化美育工作改革的号角,也给高校的美育工作提出了新的任务和要求。值得注意的是,在这一阐述中把美育的目的定位在"以美育人、以文化人,提高学生审美和人文素养"上,它较狭义的美育教育范围更广,内容更丰富。

按照这一指导思想在高校开展美育,它首先应该落实到艺术类和人文科学领域的所有课程上。就以我校2019至2020学年秋季学期的本科课程来看,以艺术教育中心为主体,设有部分艺术类通识课程,比如其开设的:"小提琴演奏艺术与实践""中国古建筑文化与鉴赏""近现代经典绘画作品鉴赏""素描""西方戏剧鉴赏""律动与音乐欣赏""汉族民歌与文化",等等;此类课程的主要目标在于培养和提高学生欣赏美的能力,当属形式美育的范畴。其他一些理工科和人文科学领域的通识课程则服务于提高学生的人文素养,如"中国古典诗词中的品格与修养""建筑艺术欣赏",等等。在美育教学活动方面,从课程的数量、所涵盖的艺术和其他人文领域及其内容看,初步具备了一定的规模,形成了一个较为合理的结构。这得益于学校领导的重视、职能部门的积极组织及相关院系教师们的共同努力。但从现实来看,还存在一些薄弱环节。

首先是对美育的认识上还存在不足。个别教师在谈到为什么开设相关课程时,往往是因本人的"教学工作量制约,客观需要"而开设,"课时数不够、通识课来凑"。这样的出发点必然导致其无法充分地认识到所开设的课程的本质意义和核心价值,也无法承担起课程开设的使命。而这种对美育认识不到位的问题,也必然导致其难以自觉地投入足够的精力开展相关的教学活动,导致视野不够宽阔,课堂教学活动局限性较大。因此,学校有关部门应加大力度进行宣传和引导,在如何构建具有我校特色的美育体系上做好有针对性的设计和布局,努力建设好以美育为主题、以海大特色学科为优势、各学科间交叉融合的独特的美育课程体系,同时加强对课程教学目标、教学内容、教学过程的审核监控,切实督促其履行好主体责任。

其次是美育的教学活动形式单一,教学资源不足。这与前面所说的人员的认识不到位有关。美育本质上是引导学生追求"真、善、美"的教育活动,它与"德""智""体""劳"并举,各有侧重,同时它又是贯穿"德""智""体""劳"的根本所在,具有丰富的、较强的社会实践性,要引导学生在丰富多样的社会实践活动中去获取美的感悟、理解美的功能。因此,可以从艺术类、人文类课程做起,根据课程内容尝试合作共建的方式,邀请一流的具有丰富实践经验的文艺界、文化界知名人士走进课堂,让课堂内容更加切合实际、更加鲜活和饱满,也可以缓解相关教学资源短缺的问题。

再者是要加大第二课堂建设。让美育始于课堂,但不止于课堂。大力开展与美育课程内容密切相关的各类社会实践活动,让学生在社会大舞台上展示自己,从中体悟美育的魅力和力量,在实践中树立起正确的审美观,增强审美能力和美的创造力,做传播有益于人类社会进步和发展的美的使者,成为真正意义上的美的建设者。以此为依托,打造更多的像海鸥剧社那样的海大文艺、文化品牌,增强"海大美我,我美海大"的校园人文气息,让它不断地润泽每一位学子,感化一座城市、一个国家和民族,继而助力人类社会的发展和进步。

美育不止于上述形式。前面提到,广义的美育可以理解为蕴含着美学原则的所有教育实践活动,目的在于培养学生理解美育的本质内涵、育成理想的审美境界并促进其内化成各自精神世界不变追求的源动力的教育活动。教师是美育的实践者,是美的传播者,作为高校教师,每个人都应该更积极地在教育实践活动中,结合各自的实际,体现美之无所不在。大到课程设计,小到每一次课堂讲授的每一个教学环节,从形式美到逻辑美(诸如板书、多媒体课件的制作与使用、课程的设计、教案的撰写、讲授时语言的凝练和表达等),教师结合自己可以主动作为的方面,要力争不折不扣地创造美、展现美。教学服务方面也要深入挖掘和创造环境因素中的美(教学设备的有效配置和最为专业的不断完善的设施等),做创建美的家园的辛勤园丁。在日常的教学督导中,常常有人不厌其烦地就这一方面提出细致入微的改进意见,盖源于对课堂教学的美有近乎完美的追求。

　　清华大学校长邱勇在致 2016 届高考生的邀请信《有你更美》里有这样一段话："丰富多彩的校园活动，是你挥洒青春的舞台。荷塘月、风雅集，这里有一流的学生艺术社团，你可以加入军乐、民乐、合唱、交响乐、舞蹈、话剧等众多团体，用艺术诠释清华的精神和气韵。"简短的话语中，美育与精神、灵魂塑造之间的关系得以彰显，丰富多彩的形式美育在吸引人才方面被赋予了重要地位。

　　可以说，加强美育教学、着力打造大学的文化名牌也是一流大学建设的重要标志之一。

督导视线

——课堂教学侧记

张前前*　■

　　大学作为培养人才的机构,关键在于师资。学校开设的每一门课程就如同大学有机体的细胞,大学教育的水平高低很大程度上取决于本科生课程教学的质量和水平。自 2017 年秋受聘学校教学督导,最主要的工作职责即通过听课对课堂教学进行督察引导。除了课程教学评估等指定课程外,我坚持听课的随机性、完整性。迄今 5 个学期以来,累计听课约 150 门次。我暂且管中窥豹,印象如下。

一、数学作为公共基础课,教师的授课水平普遍优良

　　在听过的 10 余位教师的课(高等数学、概率统计、线性代数等)中,多数教师仍采用黑板板书的传统方式进行教学(赵红老师是运用传统教学方法授课的典型),也有黑板板书结合 PPT,少数纯粹利用平板电脑进行教学,即以 PPT 课件授课的同时在手写板上逐步推导数学公式(吕可波老师自带装备,令人印象深刻)。教师均做到了内容熟练、条理清楚,脱稿比率很高。数学课的内容决定了课堂教学必须以教师讲授为主,加之大班教学,师生互动更多体现在学生对于教师启发式教学的反应以及讲练结合上。相比于多数数学教师的中规中矩,

　　* 张前前,中国海洋大学化学化工学院教授,第八届教学督导专家。督导工作在岗时间:2017 年至今。

刘宝生老师讲授的"概率统计"课程,理论与实际联系紧密,显得游刃有余、收放自如。

二、大学英语教学水平显著提高

教师普遍用英文教学,口语标准、流利。以学生为中心的教学理念体现得最为直接——即让学生多说、多练。对学生的了解程度从一个方面体现了教师对教学的投入。有的老师做到了熟悉每一位学生,不仅能够直呼其名,还对其长处和短板了如指掌,课堂教学气氛和谐。每位教师的教学安排各不相同,我尤其欣赏一节课的中心目的明确、内容连贯、重点突出,比如张圆圆老师的"大学英语"和尹玮老师的"英语电影赏析"等课程。

三、思想政治理论课刷新了旧有观念和认识

"马克思主义基本原理概论""毛泽东思想和中国特色社会主义理论体系概论""中国近现代史纲要""思想道德修养和法律基础"等思政课的教学内容要求教师必须做到与时俱进,理论联系现实,给予教师极大的挑战,同样也有极大的发挥空间。我校思政课教师的敬业精神、专业素养和饱满的教学热情均让我印象深刻。李晓伟老师以实际问题展开理论讲解,在大班教学中循循善诱地与学生展开讨论,超强的课堂掌控能力展现出教师丰富的经验与深厚的积淀;青年教师刘永祥的"中国近现代史纲要"讲出了文学色彩,将学术研究成果植入授课内容,致力于恢复"叙事史"传统,建构人、事、理相互配合的知识体系,融历史属性与政治属性为一体,并且开辟了第二课堂,创办历史类公众号"祥说近代史""读史品生活",让人感受到教师的独具匠心。

四、计算机类课程,应切实加大在计算机上实操的力度

让学生在计算机上动手,尤其 C 语言等编程类课程教学,比看 PPT 上的"纸上谈兵"要有效得多;着眼于应用,比聚焦考级题目,更能调动学生的主观能动性。

通识课程应加强教学大纲的审定及教材建设,进而规范教学内容和教学方法。

实验类课程仍需严格规范,比如教师应执行预备实验的程序,实验内容充实、时间安排合理,尽量实现学生独立操作,以保障对学生实验技能的训练和提升。

五、面对 2020 年特殊形势,教师们的线上教学工作值得肯定

许多教师以一丝不苟、诲人不倦的态度,教书育人,树立了榜样,声名远扬,在此不一一赘述。值得一提的是,教育技术的发展和信息化建设为教学提供了强有力的工具,网络教学、线上直播教学等新形态将课堂教学延伸到远程,拓展了课堂的空间,密切了师生互动。在全国抗击新型冠状病毒的特殊情况下,2020 年春季学期我校在教务处的部署下顺利开展了线上教学。不少老师精心制作了 PPT 录屏视频(例如:陆小兰老师的有机波谱分析),为学生提供了便捷有效的学习资源。

诚然,教学是一门艺术而非技术,课堂教学无法复制。一门课的讲授,千人千面。即便使用同一个现成的课件,讲授效果也不尽相同。因此,教学需要教师独立思考、设计、组织、产出。我校作为研究型大学,原则上只聘用拥有博士学位的人当教师,但学历不代表教学能力。不少教师在研究方面受过严格训练,在教学上却是"外行"。因而,教学过程需要督导、教学效果需要评估。督导专家作为课堂教学的先行者,在听课之后,提出有益的建议供年轻教师同仁参考,不断改进,这是督导专家存在的根本意义。杜绝"水课",为提高学校教学水平助力,督导工作任重而道远。

怎样评价有效的体育课

朱 萍*　■

毛泽东同志曾于 1917 年 4 月在《新青年》第三卷 2 号上发表了著名的《体育之研究》一文,认为"体育一道,配德育与智育,而德智皆寄于体,无体是无德智也";"体育对于个体能'强筋骨'、'增知识'、'调感情'、'强意志'";"欲文明其精神,先自野蛮其体魄。苟野蛮其体魄矣,则文明之精神随之"。体育对于青年学生成长之重要毋庸赘言。本文仅就如何评价一堂优秀的体育课,提出考察的几个角度和方法,以供同仁们参考。

首先是要明确两方面的认识。

1. 体育教育的性质

体育教育是对身体形态、身体机能的教育,通过体育课课上的学习和课后的一系列学习、锻炼的延续,使身体由内到外发生变化。体育课不仅仅指课上的讲授、学习,还需要课下的指导、练习,如此才能达其目标。体育教育不只是体能方面的提高、技术上的掌握等,最重要的一点是最大限度地激发、培养个体的精神状态,如团结、互助、合作、勇敢、积极、向上、无畏,等等。

2. 体育教育的原理

体育教育的原理是"超量恢复"机制,也就是说人在适当运动练习之后,会使身体产生适度的疲劳和形态功能等方面一定程度的下降。通过适当时间的休息,可以使身体的力量和形态功能等方面恢复到运动前的水平,并且在一定

---

* 朱萍,中国海洋大学体育系教授,第八届教学督导专家。督导工作在岗时间:2017 年至今。

时间之内,还可以继续上升并且超过原有水平。如果下一次练习是在超量恢复(身体功能上升并超过原有水平的一段时间内)的阶段进行的,就可以保持超量恢复不会消退,并且能逐步积累练习效果。如此,通过反复的练习就可以使肌肉体积增大、肌肉力量增强等。

体育课的课上、课下的持续练习就是要使人体的各项机能和素质水平突破原有的极限,努力上升到一个高度,随之恢复和超过原有水平;而在下一次练习时再攀升新的高度,依次往返,达到体育运动的效果。

基于以上两点,一堂优秀的体育课应该具备以下要素。

1. 课前的教案准备

教案对于体育教师非常重要,它能够让体育课变得更加有序,目的性、层次性更好。体育课通常是在动态情况下进行的授课,课前教师如果没能做充分的备课,很可能导致课堂上缺乏控制,呈现出无序的状态。而教案就是教师课前备课的重要内容,是教师上课的依据。教案包含的内容有:准备部分、基本部分和结束部分。在教案里要详细写明学习内容和复习内容、各种练习方法和练习手段、技术动作的平面图、队形的排列和调动、教师的行走路线和示范方向(背面、镜面、侧面等)、学生的运动轨迹,还包括应急措施的准备等,这些都要在教案里一一罗列清楚。试想,如果我们课前做好了这样的一份教案,那么我们在课上就一定会胸有成竹,自信满满,教学过程也一定会见规则,见秩序,教学效果和学生的学习效果也一定会得到保障。

2. 课程进行当中的运动量的要求

课程进行当中的运动量用通俗的语言解释就是一定要出汗,这是衡量一节体育课是否能够达到运动目标的重要参考指标之一。但要说明的是,不是学生汗出得越多就说明我们的课程教学安排越合理。评价合理的运动量测定指标,普通体育课是用脉搏来进行考察的(如果是竞技运动那就要用高科技的仪器进行测定,如尿检,血检,肌检等)。普遍意义上的合理运动量,在体育课的基本部分,练习者的脉搏要达到 150~160/分次(优秀运动员训练时则要达到 180/分次以上)。

3. 课程进行当中练习密度的要求

什么是体育课的练习密度?就是练习者练习的时间和课堂总时间的比。通俗的说法就是,练习者要有技术动作练习的频率次数。这里要说明的是不是练习的次数越多越合理。一般课堂的练习密度要达到 35％～50％。一般来说，技能学习课，密度要达到 35％以上，不能高于 40％（因为这个过程，教师的讲解示范占主导地位，学生的练习次之）；而体能练习课要达到 50％左右才是科学的。

4. 整堂课要有合理的脉搏曲线

在运动中，脉搏的升高与下降，反映了一个人运动量的大小，而运动量的大小，则体现一个人是否突破了自己身体机能的极限。只有合理的运动量才能使人的技能和体能突破极限，达到新的高度，而不是运动量越大、脉搏升得越高越好。因此，在体育课教学过程中，要有曲线来显示脉搏升降，合理把控运动量，这样才能达到预期的效果。一般来说，一堂 90 分钟的体育课，脉搏的最高值应该在基本部分的中间位置，也就是说在整堂课的 40 分钟到 45 分钟期间，次高峰应该出现 65 分钟左右。

5. 练习方法和手段

体育课的目的是使学生在体育课上达到"三基"的掌握，即基本知识、基本技术、基本技能。这个过程（尤其是后面两个）要求教师要使用各种体育教学的方法和手段来达到目的。技术的学习和技能的提高方法有很多种，根据项目的不同和学习者水平的不同，教师在备课过程中就要进行科学的遴选，采用的方法和手段除了要必须符合项目的要求外，还必须符合学习者的实际情况。在有限的时间里运用科学、合理、有效的方法和手段尽快地教会学生技术动作，这是衡量优秀体育教师的重要标准之一。

6. 教师准确漂亮的示范动作

示范动作的准确和优美是上好一堂体育课必不可少的素养。体育课与其他课程相比最大的不同就是学生对所学的技能、技术均是通过教师的"一举一动"的表现和现场的动作校正、指导得到最直观的感受和体验，而通过视频和影像资料、图片及文字材料等的学习均达不到这样的效果。教师准确、优美的示范动作会让学生有很好的学习体验，并能更大限度地激发学生的学习兴趣和主动性，调动学生的学习积极性，这对学生尽快掌握技能技术起着决定性的作用。因此，体育教师也需要积极进行教学科研，努力使项目的训练和练习过程科学化，同时自己也要反复地进行练习，努力让自己的示范动作更加规范、准确和优美。

7. 体育教师作为特殊专业的教师,必须始终保持正能量的激情和活力

正如毛泽东同志在文章中所论述的,体育对于个体能"强筋骨""增知识""调感情""强意志",而这些功能均是通过体育教师这个桥梁不断传达给青年学生的。与其他课程相比,体育课尤其强调的是教师的言传身教,体育教师对课堂积极向上氛围的营造、对学生人生成长的正向感染和带动,都是其他课程所无法比拟的。因此,体育教师尤其要注重课程思政,注重教书育人,同时要严格自律,严格自我要求,不论是在课上的教授训练还是在课下的练习指导都要始终保持正能量的激情和活力。

8. 应变能力

体育课教学是在不确定的环境中进行的,如天气、场地等可变因素,还有运动器材的流动、运动,以及学生对于运动强度的不同抗受能力等,都具有不确定性。因此体育课教学客观上要求教师必须有很强的应变能力,要有处置一切突发事件的能力和方法,要能保证学生的安全和良好的学习环境。比如,室外体育课要求教师面向阳光一面,学生要背对风向一面,如果在这个期间,天气发生了变化,教师应该尽快地改变之前的队列和队形,以适应天气的变化。再比如,有学生不小心受伤,教师要能敏锐地察觉受伤的部位和受伤的程度,采取正确的方法进行应急处置。

如果说学习自然科学,丰富的是学生的逻辑和理性思维,社会科学带给学生们的是感性和诗性思维,那么体育学作为自然和社会科学综合的学科,带给学生们的不仅仅是逻辑和诗意,它还是高尚的人格魅力,克服困难的骨气,永不言败的勇气,团结协作的义气,奋发向上的志气的来源。

让我们共同努力,为提高整个中华民族的体魄贡献微薄之力。

关于通识教育及通识课程建设的几点思考

黄亚平[*] ■

伴随着 21 世纪的到来，中国高校从欧美大面积引入通识教育改革理念，约从 2010 年起，中国高校的通识教育改革步入快车道。从政策措施到改革实践，从课程建设到书院制度，由点及面在中国高校全面铺开。目前为止，通识教育改革已经成为现代高等教育改革的代名词，但是，究竟什么是现代"通识教育"？怎样处理通识教育和专业教育的关系？若结合中国海洋大学的具体情况，又该如何建设具有海大特色的通识教育核心课程体系等一系列问题，却并没有十分现成的答案。今草成此文，谨向各位专家学习，并期望得到各位专家的批评指正。

一、"通识教育"概念的初步梳理

现代意义上的"通识教育"改革源于西方，它首先表现为一种不同于专业教育的教育理念，这一教育改革理念主张积极革新西方现代科学教育的积弊，回归古典的自由辩论，以经典阅读为对象、采用小班制、研讨式教学模式，培养受教育者的批判性思维方式和良好的沟通能力，并以人的养成为最终目的。

* 黄亚平，中国海洋大学文学与新闻传播学院退休教授，第六至八届教学督导专家。督导工作在岗时间：2012 年至今。

19世纪初,在美国的学院教育中首先出现了有关"通识教育"的探索,"我们学院预计给青年一种 general education,一种古典的、文学的和科学的,一种尽可能综合的(comprehensive)教育。使得学生在致力于学习一种特殊的、专门的知识之前对知识的总体状况有一个综合的、全面的了解"①。

20世纪30年代以来,"通识教育"改革理念在西方高校逐渐深入,成为西方现代高等教育改革的普遍共识。

20世纪70年代,欧美高等学校中普遍开设通识教育课程,并成为欧美大学的必修科目。各校的通识教育课程都有自己的特色和侧重点,比如哈佛大学的通识教育注重顶层设计,倡导文、理交叉;哥伦比亚大学则强调自然发展,提倡开设人文类课程;耶鲁大学要求学生选修人文艺术类课程;芝加哥大学则提出了"名著课程计划";等等。

虽然各校的具体做法不同,但西方高校现代意义上的"通识教育"改革总体上指向拓展学生视野、增加知识广度与深度、注重文理兼顾、培养良好的批判性思维方式、使学习者兼备人文与科学素养、把学生培养成全面发展的人的总目标。

20世纪80年代中期,中国台湾学者借鉴中国传统文化中对"通"与"识"的认识,将英文的 general education 翻译为"通识教育",将 liberal education 翻译为"博雅教育",强调"通达"与"见识",得到普遍认可。② 西方现代"通识教育"改革理念在被引入的过程中,也逐渐融入了部分中国元素,贡献了中国智慧。

作为世界现代教育改革大潮的重要组成部分,中国高等学校的"通识教育"改革与世界同步,它首先是一种区别于大学专业教育和职业教育、面向所有大学生的教育理念。通识教育既是对自由与人文传统的继承和发展,也是对科学教育的补充和修正。通识教育的根本宗旨同样是引导学生拓宽视野,增加知识的广度和深度,培养学生的独立思考能力和社会担当意识,即注重人的养成的教育。在通识教育改革的根本宗旨方面,中国高校的通识教育改革与世界范围内的通识教育改革大潮是根本吻合的。

---

① 李曼丽,汪永铨.关于"通识教育"概念内涵的讨论.清华大学教育研究,1999(1):96.
② 我国台湾学者高明士引清代章学诚"通者,所以通天下之不通也"之意,释"通"为"通达";引唐代刘知己"学者博闻旧事,多识其物"之意,释"识"为"见识"。(详见高明士《传统中国通识教育理论》,《通识教育季刊》1994年第1卷第4期。)

中国高校的通识教育改革从一开始就带有中国自己的特色。这主要表现在以下两方面:其一,中国通识教育改革的理念与中国传统文化强调社会担当意识和社会责任感一脉相承,因此,中国高校的通识教育改革始终着眼于将个人培养成具有良好道德修养和高尚情操的社会人。因此,将"通"理解为"通达""通透"而不限于"广博",将"识"理解为"见识"而不止于"高雅"。其二,中国通识教育改革的根本目的不同于西方的"人的养成"教育,而是指向于培养有坚定政治信仰的"社会主义事业的接班人",因此,中国高等学校通识教育改革带有中国特色的鲜明印记。李曼丽、汪永铨将中国的"通识教育"表述为:"就性质而言,通识教育是高等教育的组成部分,是所有大学生都应接受的非专业性教育;就其目的而言,通识教育旨在培养积极参与社会生活的、有社会责任感的、全面发展的社会的人和国家的公民;就其内容而言,通识教育是一种广泛的、非专业性的、非功利性的基本知识、技能和态度的教育。"[①]这一表述基本符合当前中国高校通识教育改革的设定目标和现状。但是,在如何处理好"人的养成"与培养"合格人才"方面,东、西方通识教育改革理念还存在一定的分歧,尚有待进一步深入探讨。

二、如何建设通识教育核心课程体系

(一)美国大学通识教育核心课程体系建设的经验

1978 年,美国哈佛大学本科教育课程之中首次出现了通识教育核心课程模块体系,该模块体系由时任哈佛大学校长的博克和哈佛学院院长罗索夫斯基共同提出,其设计初衷是文、理交叉,让"每一个哈佛的毕业生都必须在广泛的领域里受过教育、同时又在一个特定的学术领域上受过训练"。[②] 哈佛通识教育核心课程体系的内容包括外国文化、文学艺术、历史、自然科学、社会分析、道德辨析、量化推理等七个模块,虽然每个模块、每门课程的内容均不相同,但在总体上都要求贯穿"思维方式"教学。从 2002 年起,哈佛大学每位毕业生必须从上述模块里至少选修一门课程。所有核心课程均采用小班研讨式教学,明确

---

① 李曼丽,汪永铨.关于"通识教育"概念内涵的讨论.清华大学教育研究,1999(1):99.

② 曲鸣峰.关于建立我国研究型大学通识教育核心课程的若干思考——美国哈佛大学和哥伦比亚大学成功经验之启示.中国大学教育,2005(7):19.

规定:"教师的职责不是讲授,而是维持讨论的热烈进行,教师和学生就课程内容自由地、平等地发表自己的观点,互相提问、质疑,共同探索,通过对各种不同观点的澄清这一辩证的过程,去批判谬误、发现真理。在这一过程中,学生逐渐形成了终身受益的批判性思维方法和正确的世界观、人生观和价值体系。"①

哥伦比亚大学的通识教育核心课程是经过长时间积淀自然形成的、相对松散的人文课程体系。内容包括当代文明、文学人文、美术人文、音乐人文、大学写作、自然科学前沿、主要文化、外语课程、体育课程、自然科学等十类课程,前六类课程为必修课,后四类课程为选修课。哥伦比亚大学的通识教育核心课程同样采用小班制讨论式教学方式,强调师生的共同参与,注重对学生问题意识的引导,重视学生基本能力的磨炼和良好思维习惯的养成。

耶鲁大学的通识教育实行学生"自由选课＋学校指导"的模式,其核心课程体系包括四个板块:古代与现代的语言与文学、哲学历史与艺术、人类学社会学与考古、自然科学与计算机科学。学生入学之后的两年内必须修满规定的通识课学分,方能进入后续的专业学习。为了让学生全面发展,耶鲁大学推行本科生住宿制度,学生吃、住、学都在固定的本科生学院,不仅学到了课堂知识,而且从起居社交中学到做人的道理,收获了同学情谊。②

芝加哥大学的通识教育长期以来在其本科生基础学院内推行"普通核心(original core)"课程体系,内容包括人文科学、社会科学、自然科学三大类,每位本科生必须在两学年内修完 15 门通识课程,每门课程都自成系列,大多数系列课程均需修 2～3 个学季。"这个课程体系是一个多学科的课程组合但并不从属于任何一个学科,目的是为学生提供培养原创力和探索知识的能力,该课程体系强调研读原典(originaltexts)并基于这些原典提出原创性问题,其目标是培养在当今文明社会中作为一个有知识的成员所应具备的提出和思考根本问题的能力、批判和分析的能力以及写作表达能力。"③

---

① 曲鸣峰.关于建立我国研究型大学通识教育核心课程的若干思考——美国哈佛大学和哥伦比亚大学成功经验之启示.中国大学教育,2005(7):19.

② 王文华.耶鲁大学通识教育.世界教育信息,2007(1):77.

③ 陈建平.通识教育与素质教育——美国芝加哥大学通识教育的启示.广东外语外贸大学学报,2003(3):55.

（二）中国大学通识教育核心课程建设的经验

2000 年，北京大学设立"本科生素质教育通选课体系"，设置数学与自然科学，社会科学，哲学与心理学，历史学，语言学、文学、艺术与美育，社会可持续发展等六大领域共计 322 门课程。要求学生在每个领域至少修满 2 学分，总计至少修满 12 学分方能毕业。

2001 年，北京大学设立"元培计划"实验班，"在低年级实行通识教育和大学基础教育，在高年级实行宽口径的专业教育，在学习制度上实行在教学计划和导师指导下的自由选课学分制，学生入学后可以在全校范围内自由选课"①。2007 年，成立"元培学院"，并在元培学院内设立了新专业，对现有课程内容进行深度整合，推行导师制。

2010 年，北京大学开始在原有通选课基础之上探索以"经典阅读和小班授课"为特色的"通识教育核心课程"，设立中国文明及其传统、西方文明及其传统、现代社会及其问题、人文艺术与自然四大模块，截至 2105 年底，共建成此类课程 30 门。"鼓励'经典阅读'和'大班授课、小班讨论'的教学方式，培养学生阅读经典文本、深入思考问题的习惯，训练学生自主学习、批判性思考、分析解决问题和沟通协调的能力。"②

复旦大学引入了美国耶鲁大学、英国牛津大学实行的本科生学院制度模式。2005 年，复旦大学成立了专门从事本科新生通识教育的"复旦学院"，从 2005 级开始，复旦新生入学之后必须全部进入"复旦学院"，接受为期一年的住宿学院式通识教育。以 2015 年秋季学期为例，复旦学院开出包含文史经典与文化传承、哲学智慧与批判性思维、文明对话与世界视野、社会研究与当地中国、科技进步与科学精神、生态环境与生命关怀、艺术创造与审美体验等七大模块，共计 200 余门课程。每门课程 2 学分，学生必须修满 12 学分方能毕业。围绕通识教育改革，学校倡导围绕名师建成通识教育核心课程团队，采用小班制讨论式教学方法。另外设立了博士研究生助教，指导学生的课外讨论，取得了

① 黄天慧.北京大学与复旦大学通识教育模式比较.现代教育科学,2017(12):145.
② 冯倩倩,曹宇,邱小立.从通选课到通识教育核心课——北京大学通识教育选修课的建设与发展,北京教育,2016(4):72.

很好的教学效果。①

清华大学的通识教育改革思想延续了梅贻琦校长执掌清华以来通识教育的优良传统,强调传统文化与现代大学教育理念的融合,强调专业教育与通识教育的结合,强调人格养成教育。梅贻琦明确提出"通识为本,专识为末"的思想,"大学期内,通专虽应兼顾,而重心所寄,应在通而不在专。换言之,即须一反目前重视专科之倾向,方足以语于新民之效"②。2014 年,时任校长陈吉宁明确提出"通识教育为基础、通专融合的本科教育体系"的改革目标,同年,清华大学成立"新雅书院",进行书院式教学试点,并在两年内建设完成 20 余门清华大学的文、理通识教育标杆课程。从 2016 年起,新雅书院成为本科文理住宿制学院,院生四年学籍都在书院,新生入学后第一年接受以数理、人文和社会科学为基础的小班通识教育,一年后自由选择专业方向。③ 从 2018 年起,清华大学准备成立专门的"写作与沟通中心",为全体本科学生开设必修的写作与沟通课程,通过理性写作、分析写作能力的培养,训练学生的问题意识和思维能力,打造清华人文通识课程的亮点,为全体本科生提供一种共同的学习经历和学习体验。

中山大学侧重于构建以人文学科为主的通识教育课程体系。2009 年该校设立"中山大学人文高等研究院",下辖"通识教育部"和"博雅学院",努力探索将"通识教育"与"博雅教育"结合起来的途径,并吸引更多的一流学者参与全校的"通识教育"。该院每个学期从海内外聘请 10 多名"驻院访问学人",要求这些驻院访问学者必须为本科生开一门通识课程,此举不但丰富了学术交流活动,而且也部分补充了通识教育师资的不足。2016 年,在中大通识教育课程体系中,通识教育核心课程是各专业"共同核心课程",涵盖中国文明,全球视野,科技、经济、社会,人文基础与经典阅读等四大板块,要求全校各专业学生在 1～2 个学年内必须完成 16 个通识教育学分。学校同时将各专业成熟的基础课开放给非专业学生作为共同核心课选修,实行课程双重编码,以有效缓解课程

① 乐毅.复旦本科通识教育改革的经验及启示——核心课程、讨论课、助教制.理工高教研究,2008(4):58-59.

② 刘述礼,黄延复.梅贻琦教育论著选.人民教育出版社,1993:6.

③ 王丹.通识教育的清华经验:对话清华大学新雅书院副院长曹莉.光明日报,2017-11-07.

量不足的压力。① 学校对通识教育核心课程有明确而具体的要求,如强调小班讨论与学术性表达训练环节;明确要求所有的通识教育核心课程要有一定的阅读量,要求学生写读书报告;全面实行博士研究生担任本科课程教学助理的制度,并与博士生奖励制度挂钩(享受全额奖助学金文科一、二年级博士生每学期需担任一门课助教;理科、医科每年担任一门课助教)。

(三)中国海洋大学通识教育核心课建设的基本情况

早在 2003 年,中国海大就提出了"通识为体,专业为用"的本科教育改革理念,设立专项基金,启动通识教育课程建设。明确规定从 2003 级起,要求学生在四年的学习中必须修满 12 个学分的通识课方能毕业。2007 年,中国海洋大学成立了"文史哲通识教育中心",吸引和鼓励文科院系教师参与通识课程建设,出台《中国海洋大学本科通识限选课课程建设暂行办法》。

2010 年,着力进行通识教育课程体系优化建设。

2015 年以来,学校提出"通识教育再起航"改革计划,加紧建设通识教育核心课程体系,海大的通识教育改革从此步入快车道。2015 年 5 月,海大成立"行远书院",作为学校通识教育改革的示范区,在书院内推出了 9 门通识教育核心课程,并以此辐射全校。2016 年,学校制定了建设标准,明确了通识教育课程建设的思路,重新梳理了通识课程体系,分为五大模块:文学与艺术(76)、哲学与人生(52)、历史与文明(29)、社会与文化(127)、科学与技术(56),共计 340 门通识教育课程。2017 年,学校成立通识教育中心,从面上加快推进通识教育核心课程体系的建设步伐,至今已推出 12 门校级通识教育核心课程和 48 门通识教育基础课程。

(四)对中国海洋大学通识教育核心课程体系建设的几点建议

1. 正确处理专业教育和通识教育的关系

总结欧美名校和国内名校通识教育改革的经验,集中到一点,那就是:若想要有效推进通识教育改革,必须首先处理好通识教育与专业教育的关系。② 社

---

① 龙莉.中山大学通识教育的实践探索·中国高等教育学会大学素质教育研究分会成立大会暨 2011 年大学素质教育高层论坛论文集,2011:206.
② 李曼丽.再论再论面向 21 世纪高等本科教育观——通识教育与专业教育相结合.清华大学教育研究,2000(1):87.

会、家长和学生都对高校的专业教育寄予厚望,希望学生通过四年的本科学习,不但具有基本的文化素养和高尚的道德情操,而且具备一定的专业特长,在学业和道德情操方面得到全面发展,以便将来能够更好地立足于社会。

高校通识教育改革的内在动力在于大学的专业设置赶不上社会转型期的迅猛变化,知识老化,跟不上社会的需求,没有教给学生正确的思维方式,等等。但这并不意味着专业教育过时,或者说通识教育只是人文学科的事,正确处理好通识教育与专业教育的关系,扎扎实实建设好每一门通识课程,进一步普及科学教育和科学精神仍然是现阶段中国高校高等教育的头等任务。

2. 进一步完善顶层设计,将公选课纳入通识教育课程体系通盘考虑

顶层设计和通盘考虑的好处在于既有利于建构具有海大特色的通识教育体系,又可以分别定位每一类课程的相对目标,同时也便于统筹课程资源,形成相互协调的课程体系,避免单打独斗和课程设置上的资源浪费。

3. 精心培育经典阅读课程,作为海大通识教育核心课程体系的重要组成部分

欧美通识教育建设始于对经典阅读的提倡,通识教育理念传入中国以后,北大、清华、复旦、中山大学等名校都非常重视经典阅读课程的开设。通过深入的经典研读,围绕着实质的思想文化问题,才有可能解决学生的思想问题,培养学生的批判性思维方式和问题意识,批判继承中国传统文化和西方文化的精华。建议学校鼓励学有所长的专业教师开设"老子""庄子""论语""孟子""诗经""楚辞"等课程,以及众多的自然科学经典名著,启迪心智,照亮前程,逐步取代浅层次的导读课程,培养学生直接阅读经典、吸取智慧、批判分析、融会贯通的能力,增强学生的文化认同感和文化自信、社会责任感,建构人类共同的核心价值观。

4. 加强通识教育工作宣传

目前我们在网络宣传和推介方面还存在缺失,这于内于外都会影响海大通识教育改革的效果。

第三部分

PART THREE

难忘三尺讲台

——纪念教学督导工作二十载

周发琇*

中国海洋大学自 2000 年开始实施教学督导制,至今已整整 20 个年头。从第一届至第六届,历时 15 个春秋,我是亲历者。期间曾与三任教学校长共处,致力于本科教学质量提高的探索,颇感荣幸。

回味曾经的课堂经历,感悟颇多。今天,我重新翻阅了

大部分听课笔记,把教学督导心路历程中的几个细节分享给大家,以供思考。

1. 一个"导"字了得

教学督导工作从督察开始,"查"字当先,目的在于检查、制止一些违背正常教学秩序的行为,比如迟到、早退、课堂上敷衍等。这段时间,在我的听课笔记里出现最多的关键词是"秩序"二字。

当时走进课堂,似乎多少带有一点执法的心态。不过,每当我走进课堂时,总会主动与任课教师打个招呼,"我来听课,希望不影响您"。

那时走进教室并无特别压力,可能是对教学方法、教学内容、教学效果等的评价尚未提升到"导"的层面。况且,几十年的课堂经验,从一个过来人的视角

* 周发琇,中国海洋大学海洋与大气学院(原海洋环境学院)退休教授、博士生导师,第一至六届教学督导专家。督导工作在岗时间:2000—2014 年。

观察课堂秩序、课堂效果，应该不会太过走眼。

经过几年的实践，"教学督察"演变成了"教学督导"。

一个"导"字了得？"导"者，"教"也，"训"也。就"导"字而言，面对一堂课，一个内行必定有其思考和判断，比如对课程的理论体系和各节点间的关系的处置，概念是否精准等做出评价，进而判断教师的学术水平，在此基础上对于教学方法、教学效果做出分析，给出建议或"指导"，这才是中肯的。但对于一个外行而言，要做出以上的判断谈何容易，只能就教学方法、语速、节奏、PPT、课堂沟通和课堂气氛等做出判断，进而"指导"一番，在许多情况下往往言不由衷，心存纠结。在我的听课记录中，但凡对自己外行的课，出现最多的关键词也多是语速、节奏、PPT 之类。

曾经有过一段时间，教学督导被分派到与其专业相近的院系做调研和听课，以提高督导效果。我被分派到数学系，跟随数学系的一位资深教授，二人搭档，听过通识课，也听过专业课。听过几个课之后，我诚恳地对这位专家说，"到此为止吧，不能再听了，听了也无益"。他表示理解。这种理解，彰显了学者风范。

其实，就我的专业性质而言，是与数学结缘的，教学和科研几乎离不开数学，但这只是工具而已，与制造或者学会制造工具并非一回事。评价一个课程，不明就里，谈何切中要害？

从此，我给自己设定了一个听课的界限，不再去听那些外行的课，以避免尴尬，言不由衷地敷衍，甚或"误导"，此乃符合"知之为知之，不知为不知，是知也"的古训。

我们的督导，是受尊重的，甚或受到某种推崇，但我们必须清醒，不是每一场指导都是令人信服的，其中也有不少被诟病者。

2."偶发错误"之辩

有一次，在评估"大学物理"中的电磁学时，任课教师在课堂上讲"磁畴"的概念时，在 PPT 上明确地标有"磁畴（magnetic domain）"，但她把"磁畴"读成"磁铸"，显然读了一个别字，但基本概念是准确的。

这位教师有留学经历，用英文表述不会产生字意障碍，如果按中文思考，大概理解成"磁畴""磁域"并不错。但是，当她面对中文的标准术语而读错成"磁铸"时，我们能因此推论，这位教师的学识、教学能力一定不行吗？

这使我回忆起自己在读"大学物理"时，任教者是山东大学物理系一名优秀的青年教师。在讲热力学第二定律时,他在黑板的左上角先写下了章节之后,用粉笔重重地写下了一个"熵"字,转过身来面对同学说"请注意,这个字容易写错"。然后开始讲熵的概念、表达式,当他写完表达式时,回过头去看了看黑板,若有所思地说,不好意思,我倒把"熵"字写错了。他把"熵"字的右半部误写成了"滴"字的右半部。其实,当他写下"熵"字时,同学们已经发现他写错了。然而,他这一错,竟是我物理学记忆最深刻的一堂课,至今仍历历在目,甚至可以重现他当时的表情。我们有理由不适当地指责这位教师的错误吗?

我们面对纷繁复杂的学科,个人的知识又很有限,如果用一种平常心态面对一些偶发的错误,本可以宽容处置,达到改正错误,提高教师自信,不断改进教学效果的目的;如果过分苛求,其结果往往是消极的。

当然,宽容不等于放任,特别是对于那些概念阐述不清,甚或有概念错误的论述是应该"零容忍"的。

3. 当"考试"成为课堂上的关键词

在许多课堂上,一些青年教师讲到重点或关键内容时都会情不自禁地说,"这个问题很重要,会考试的",并会进一步阐述,这个问题在考试时会如何提出问题,应该如何思考、回答,等等。类似的现象,在温课阶段就更加突出了。

这个现象产生的原因不难理解。

其实,我们的青年教师就是从各种各样的、层层考试中艰难地拼杀出来的,而眼下的大学生也正在重复他们的老师走过的路。再说,获得一张文凭对任何人都是重要的,当然,离开考试是万万不可的。因此,没有理由认为教师与学生之间的契合是不合理的,因此"考试"成为课堂上的关键词是可以理解的。然而,我们不能因此放弃"考试只是教学的一种评价手段,而不是教学的最终目的,更不是教育的最终目的"这样的教育教学理念。

显然,当"考试"成为课堂上的关键词、成为教学的主导理念时,我们的教学离失败就不远了。

4. 听课偶遇尴尬

记得,有一次我"误闯"一堂讲古诗词的课,这位教师讲了一首词的意境、作者、写作背景之后,就领着全班同学集体朗读起来,反复了许多次,然后点名学生分别朗读,直到下课。我坐在课堂上,颇受熬煎,我无力判断这种教法是否合理,至于对讲课内容就更无说辞了。

按规定,教学督导要对曾经参加课程教学评估过的课程进行跟踪听课,考察评估后的教学质量保持情况。

一次,我去听一门曾任专家组组长的评估课。走进教室,照例向任课教师打招呼:"我来听课,希望不影响您。"这位老师很不情愿地且冷淡地说:"又来听课!"

我进退维谷,便无奈地回答:"不好意思,算是例行公事吧!"其实,我能理解这位教师当时的心情。下课时,彼此摆摆手,无话可说。

不是每一位教师都渴望被"督导"的。

"听课是不打招呼的",这在"督察"阶段就规定了,以后一直延续下来。

我们曾经遭遇过"拒绝听课"事件。授课教师认为,"你进入课堂有碍我营造课堂气氛,影响教学效果。"面对这种局面,有督导则以极强势的姿态坚持一定要进课堂,"你越不让听,我非要听不可"。我则选择退出,这是最佳选择。

至今,我仍然在想,"不打招呼"硬闯课堂,在一定意义上确是有失课堂礼仪的。

5. "教学学术"应成为一种大学文化

"教学学术"是现代教育教学的新理念。教学学术既然是一个学术问题,其内涵丰富,发展空间无限。

当教学学术成为每一位教师在教学实践中追求的目标时,教学学术便成为一种校园文化,这种文化将创造一种有利于教师个体发展,促进教学改善的良好环境,并具有强大的推动力。这种文化不断丰富,不断积淀,当它成为所有教师的一种学术追求时,我们的教学才能跟上时代的发展。

显然,在当代高新科技日新月异的形势下,教学手段、学习途径不断革新,加强和促进教学学术进步就更加刻不容缓,教师的责任也更加繁重。

教学督导就其职责而言,更应该带头学习、理解、实践有关教学学术的理念,积极更新观念,成为教学学术进步的促进派。

6. 难忘三尺讲台

在退休之前,我一天也没有离开过讲台。课堂是神圣的,是一个发挥无限想象力的空间。

我在课堂上,过从书本到书本的"教书",到从整个理论体系的层面审视每一个基本理论和基本概念,并力求启发学生的想象力,花了十几年的时间。这个过程,是自我提高、自我成熟的过程,课堂也成了我汲取科研灵感的重要源泉。

在几十年的教学生涯中,我养成了反思和总结的习惯,我也按这样一种体验来观察和审视青年教师的课堂教学。

我很赞赏那些倾情于教学的教师,他(她)们在课堂上营造出强大的气场,教与学融为一体,你想逃离都难,这才是优秀的教师。

我在教学督导岗位经历了 15 个春秋,我有机会接触了许多青年教师,结交了一些年轻的朋友,学到了不少新东西,生活很是充实。

这期间,从未间断过对教学的思考,不断反思自己曾经的教学,我把"教学督导"工作当成实现自我教学理念的继续。

今天,如果有机会再一次走上三尺讲台,我会自信地说:"我明白该如何上好这堂课。"

参加本科教学督导工作的体会

郑家声[*] ■

本课教学督导建制快 20 年了，我参加了 10 多年教学督导，亲历了本科教学的巨大的变化。

记得刚开始听课时，部分教师教学投入不足，备课不充分，上课就照本宣科。有一次我听了一位教师的课，他始终是拿着讲义念，连板书都不写，重点不突出，也不考虑学生是否理解，更谈不上与学生互动、调动学生的听课积极性了。多数学生做一些与听课无关的事，与同学说话、睡觉，等等。课后与该教师交流，该教师也无备课笔记。我问他你只顾自己讲，有没有考虑学生是否理解和接受。我还讲到，作为一名合格的教师，首先就是要讲好课，课前必须要认真备课，写好备课笔记；讲课时要突出重点、讲清难点，通过启发、提问等方法调动学生听课和学习的积极性。该教师觉得很不好意思，说第一次遇到有督导专家来听课，很紧张，所以就拿着讲义讲了。

记得刚开始运用多媒体教学时，课件制作较为简单，基本上是提纲式，再配一些图片。个别教师就把上课要讲述的内容都写在多媒体中，然后"照屏宣科"。个别教师的 PPT 甚至是将书本直接拷贝，教学效果很差。

---

* 郑家声，中国海洋大学海洋生命学院退休教授，第一至六届教学督导专家。督导工作在岗时间：2000—2014 年。

随着学校本科教学督导工作的开展,本科教学质量逐年明显提高。多数教师爱岗敬业,教学投入,重视对学生能力和素质的培养,积极进行教学改革的探索,并全身心投入到教学中。同时,他们也努力在教学过程中探索各种可行的方法,以做到在传授知识的同时,培养学生各方面的能力和素质,具体表现如下。

(1)在教材选用方面,教材选用适切、先进,多系国家级规划教材,适合本专业的学习。

(2)教学文件齐备规范,有讲稿(非 PPT 版)。备课时注意搜集各种与课程相关的科技最新进展,以培养学生的科学思维,激发其学习兴趣和科研热情。作为课堂教学内容的扩展,课后布置扩展阅读、专题小论文之类的作业,要求学生按照教师布置的题目,自行搜索文献和相关资料完成作业,以培养学生们的独立学习能力。组织学生演讲和讨论课,培养和锻炼学生协作、交流和语言表达的能力。根据课程教学内容合理有效地使用教学手段,注重利用各类优质教学资源。利用 PPT 与板书相结合的教学方法,结合动画教学、视频教学、案例教学、启发式教学、分组讨论教学等多种手段。

(3)大部分教师能够用普通话授课,语言表达清晰、简洁、流畅,板书规范,PPT 制作精当、清晰,并配以大量图片、动画和视频,教学效果好。

(4)有的教师还开通了网络教学平台进行课下指导,将课程文档、优秀作业放在网上供大家课下学习,利用讨论版设计主题进行讨论,鼓励学生们提问并及时进行解答。

这些教学成果的取得首先要归功于学校领导对本科教学的重视,每次学期末教学督导工作总结会,分管教学的副校长都亲自参加,还组织相关部门认真听取督导对教学设施、教学楼及教室环境等的改进意见。高教研究室(现高教研究与评估中心)还组织课程评估相关的一些活动,如组织参评教师观摩优秀教师讲课,课后组织讨论谈体会等。

历届督导成员在工作上都是十分投入的,特别是在他们参加课程教学评估工作时。他们对每门参评课程都要听 3 次以上,课后与参评教师交流,指出讲授本节课的优点和不足,并提出一些改进建议。为了巩固教师参评后的教学效果,督导教师还对参评教师的课程进行跟踪,以确保该课程持续保持优良的教学效果。可以说,课程教学评估工作能够取得校内外的广泛认可和肯定,督导们真的是功不可没。

对于教学督导工作的"督"和"导",我认为"导"是主要的。绝大多数教师都想把自己所承担的课程教好,但由于缺乏教学经验和方法,教学效果不理想。尤其是一些刚踏上教学岗位的年轻教师,更需要引导和学习,过去有教研室,年轻教师要想上讲台,很不容易。他们先要跟着带实验,然后独立开实验课;在独立开课前,先要在教研室试讲,试讲时教研室各位教师会给你指出不足和介绍他们的经验和方法,只有在教研室通过后才能正式开课。现在还保留教研室的院系很少,并且在提高教学效果、帮助指导年轻教师改进教学方面更显不足。所以本科教学督导制度的建立,通过教学督导专家听授课教师的课及课后与教师交流,指出优点和不足及改进方法,通过引导来提高教学质量,这是非常重要的一个举措。当然,督导教师也不是什么都会,许多教学方法和经验也是在听课中从各位参评教师身上或者观摩教学优秀课程学来的,听课多了学到的教学方法和技巧也就多了,就有能力指导、帮助参评教师。我经常比喻自己是一只小蜜蜂,把各位教师授课的经验和方法采集,再传送给另一位需要的教师。我也认为听了这么多优秀教师的课,假如有机会再上课的话我一定比以前讲得更好。

督导教师始终没有监督教师上课的意思,被听课教师如能积极配合,相信我们会相处得非常愉快,也能够取得较好的效果。

对督导工作的一点思考

冯丽娟 *

　　时间总是过得很快,今年我校教学督导制度已经建制 20 年了。20 年,学校各项事业有了长足的发展和进步,从原来的"211"和"985"重点高校,到 2019 年成功入选国家"双一流大学建设高校",20 年来我校为保证本科教学质量所开展的教学督导工作得到了广泛认可。20 年前我还是个年轻教师,现在已步入老教师的行列,更荣幸地成了教学督导团中的一员。新的角色,赋予了新的使命,更要有新的担当,唯有不断努力学习,才能不负信任。关于教学督导工作的理解有方方面面,条条都觉有理,但又如同教学中常遇到的问题一样,零散,难以厘清内在逻辑,每每提笔总是不知从何说起,只能简单谈谈对教学督导工作一点不太成熟的思考。

一、对督导的工作职责的认识

　　要想成为一名尽职尽责的督导,首先要认清职责所在。尽管学校制定有明确的督导工作实施细则,但很多时候教师对督导工作还不是十分了解。20 年前,作为年轻教师,我的课堂上经常会出现督导专家的身影,督导专家在课程内容组织、教学活动设计、教学方法等方方面面给了我手把手的指导,让我受益匪

　　* 冯丽娟,中国海洋大学化学化工学院教授,第七、八届教学督导专家,第七、八届教学督导团副团长。督导工作在岗时间:2014 年至今。

浅,在教学成长道路上少走了不少弯路,至今心存感激。所以在我最初的印象中,督导就是"督"青年教师认真教学,"导"教师上好课。也曾听到有的教师说:上课千万不能迟到,有教学督导检查。无疑在这位教师心里,督导就是查考勤,就像教学警察。

那么,督导到底要"督"什么,又"导"什么呢?2014年我成了第七届教学督导团成员,第一次参加了学期初的教学督导工作启动会,发现参加会议的职能部门除了教务处,还有学生处、后勤集团、人事处等部门,突然明白了督导的工作不应仅仅关注教师在教学中的作用,还要关注学生的学以及其他可能影响教学的环境因素。原来,关注教学楼一处楼梯旁没有栏杆存在隐患,督促加强教师休息室管理,盯着教室中电子表、投影仪和麦克的状态是否良好都是教学督导曾经做过、正在做着和将来应该继续做的工作内容,日常工作中见到的那些可喜变化原来督导们在其中功不可没!仔细想来督导工作的目的就是提高本科教学质量,教学质量的影响因素应该就是与教学相关的可以影响教学效果的制度、人或物等,所以除了课堂上的教师外,学生当然也是另一重要因素,教本身不是目的,达到教学目标才是目的,在这一过程中学生的因素考察是不可或缺的。另外教学环境的作用也不容忽视,就像化学中的化学反应,反应速率影响因素除了反应本身的性质之外,还有浓度、温度和催化剂,当大环境固定了,这些条件因素的影响就很重要了。

二、对课堂教学效果评价的认识

课程性质和内容的差别、教师个性和学生背景的不同,都是决定课程效果的因素。常言道"教无定法,贵在得法",最初去听课时,按照教学督导听课卡的各项内容考察课程,有时觉得某些指标宽泛,仅凭一两次听课难以评价评估,更多的时候就是把自己看成一名学生,体会学生在课堂上的感受。如果教师课上能不断启发学生的思考,关注学生的反应,学生能够在教师的引导下,完成课程知识的学习,教师设计的活动可以辅助实现教学目标,基本可以看成教学效果良好的课程。如果听一堂课,难点解析不清或内容缺乏含金量,就算教师的口才再好,那也是需要改进的课程。

随着各个高校对督导工作的重视以及教学研究的深入,对课堂教学的评价也逐渐实现多维度、全方位,更加细化。例如高校教师专业发展联盟就把评课细化成学生学习、教师教学、课程性质和课堂文化四个维度,20 个观察视角和64 个观察点,尽管不能每堂课对照所有的观察点,但这样的细化的确有利于精准导教和导学。另外个人觉得在看课听课中还应关注三点:一是教学的硬件设施保障,往往这些貌似不重要的条件也会是影响教学效果的重要因素。例如网络流畅与否会直接影响教学互动工具在教学中的使用,网络不流畅可能导致教师精心设计的教学活动被打乱,影响教学节奏和效果。教室相对拥挤、投影仪不清晰也会对学生听课的热情产生影响。第二,要更多地考察课程的含金量。2018 年以来,教育部发出在高校打造"金课"的号召,要求教师忙起来,改变一部分学生"混课"的日常。金课的标准就是要体现"两性一度",即高阶性、创新性和挑战度。更有专家把课程分成金课、土课、木课和水课四个档次,既懂又疑的课堂才是高层次高水平的课堂,才是金课,这给优秀课程提出了更高的要求。作为一门优秀的课程,一定要重视课堂设计,具有引领教学改革的先进理念。第三,一门优秀的课程一定是有温度的课程,而这主要取决于教师对教学的热爱。只有热爱,才能无怨无悔的付出。有的时候听一门课,教师讲解流畅,概念原理正确,使用的技术手段也不落后,但感觉课程"冷冰冰",似乎欠缺什么,可能就是缺少情感的融入,真情的付出吧。不管有多少标准,简单来说,一门好课应该就是听着舒服,过后又有回味可以滋养素养的课程。

三、对提高自身素质必要性的认识

像所有的工作一样,要想胜任并成为合格的督导,加强自身学习是必不可少的。记得我拿到教学督导聘书后,专门打电话向做过五届教学督导的王薇老师讨教如何做好督导的经验。王老师像当年指导我上课一样耐心传授听课经验、工作方法,特别提醒我要学习一些教育的知识,多看些书。让我更感动的是王老师专程来崂山校区给我送来了一本《大学青年教师教学入门》,使我认识到仅凭自己是老教师、有一些教学经验和做工作的热情以及责任感是远远不够的,还要不断提升自己,认真学习领会新时代、新时期对高校教育教学的新理念、新要求。

近年来课程改革中越来越多渗入理论指导,从布鲁姆和迪·芬克教学法到OBE 和学生为中心的理念,再到翻转课堂、混合式教学和平台大数据分析等词汇会时常出现在教师的教学设计中,不学习,就无法与对教学有更高要求的教师交流。每学期我都积极参加教学支持中心组织的教学工作坊和学校的教学报告会,虽然对教学学术问题尚理解得不十分透彻和准确,但也有了初步认识。在收获知识的同时,我也结识了校园中一大批热爱教学的教师,加入了多个教学交流群,对于教学问题时常交流,感受教学的学术氛围,并在督导过程中传递给更多的教师。我是一名在职教学督导,是一线教师,在听其他教师课时,会学习到不少新的、好的教学方法和教学理念,我就将其运用到自己的课堂,积极尝试新的教学模式和方法,努力提高自身教学水平。同时我也积极分享在教学中的一些做法给其他教师,如一起讨论交流"雨课堂"的使用、同伴式学习活动组织等等。在成为教学督导后,走进我课堂的基本不再是其他的督导教师,而是学院的年轻教师,这样经常性的"共享课",会给我带来压力,但更多的是学习动力,为了担起督导的称号,只能不断努力学习,提升教学和教学督导水平,别无选择。

时代以惊人的速度进步,教育也不例外,正步入现代化的时代,教育全球化、信息化和知识的迅猛增长都会引起高等教育的大变革,从原来教室中的黑板到现在课堂上可以使用手写板,从原来评价教师声音是否洪亮到现在关注麦克性能好坏,从孔子时代就有的讲授式教学到现在翻转课堂。教学的形式在变,评价教学的标准也会不断变化,作为一名教学督导,深感任重而道远,为教学质量的提高献微薄之力就是我们的初心。

督导工作促使我进入学无止境的电子课堂

陈　峥*　■

提起电子课堂,我发现以前有个习惯:总不愿意在电脑操作上花力气,这坏习惯的形成,还要追溯到 20 世纪 70 年代,我对电子计算机操作学习的开始。

20 世纪 70 年代末,老师教我们把计算指令编译成二进制码,然后,我们一头钻进计算机里(其实,那是个布满电子管的大房间,据说是我国第一颗卫星上天所用,每秒计算速度五万次),给纸带穿孔,用手工对着灯光校对,大孔代表"1",小孔代表"0",常常通宵达旦。虽然大家终于考试通过了,但这操作方式也很快被淘汰。

20 世纪 80 年代初,我留校在数学系教学。数学老前辈们不甘心于做"计算机盲",从计算机系请了一位刚毕业留校的高才生,大家决心跟他从电源开关学起,彻底掌握这门学问,我也参与其中。那时已经有了计算机屏幕显示,但不支持汉字。通过几天努力,参加学习的老师们终于有了初步感觉。最后结束时,这位"小老师"告诉我们,操作系统很快就要更新了,操作系统更新后,会更加"傻瓜化"。果不其然,不到两年,计算机程序改进得面目全非,但是,这计算机操作仍然不是傻瓜就可以干的,而且又增加了更强大的功能,当年所学技能大部分被淘汰,坐在电脑前,我仍然是只知道电源开关。

* 陈峥,中国海洋大学管理学院退休教授,第四至八届教学督导专家。督导工作在岗时间:2006 年至今。

后来我又自学了几次简单的电脑操作，无奈新功能更新得太快，我也就一次次落伍，于是就形成对电脑操作不愿"白花力气"的潜意识，毕竟脑力有限，还需节约使用，自许等它们彻底成熟了，我再一劳永逸地彻底学会它（就像学习一则放之四海而皆准的数学定理一样）。至于电子课堂教学的事，暂时叫孩子或学生帮一下忙，还能勉强凑付。谁知这电脑程序一次次翻新，功能越来越强大，但它就是不"成熟"，直到我退休也没等到它"彻底成熟"时刻的到来！——这种更新速度是许多传统学科所没有的。

退休后忝列督导，听课过程中需要指出被听课教师教学中存在的问题和不足，提出改进的意见和建议，可我对 PPT 功能知之甚少，看到教师们熟练地使用课堂的电子设备，有效地提高了教学效果，使我每次听课都感到心虚。再加上，我还经常受邀担任评估专家参加学校的课程教学评估工作，如果自己总是对电子课堂教学一知半解，怎么能对得起这神圣的重托，怎么能对得起被评估教师的辛勤耕耘？于是我不得不下决心，在电子课堂的学习上下功夫。

然而，更特别的是现在新冠病毒肆虐的非常时期，独自宅家，杜绝串门，不能再像往常那样，在电子课堂方面让孩子、学生帮我的忙了。而此时督导工作又增加了新课题：网上督导、网上上课。条件所限，我只能自己摸索，勤查网络信息，不懂多问。许多教师同仁，在微信群里、在电话里、在手机视频里，通过各种方式，给予我无私的、不厌其烦的帮助，在此表示衷心感谢！我本来操作基础就比青年教师差，因此常常事倍功半，好在终于通过这阶段的督导实践，初步了解了 classin 课堂、长江雨课堂、腾讯会议等的部分知识，能在网上对教师们的教学文件内容进行督察，能进入教师的网上课堂听课了，也能用它们上课了。我心甚慰！

老有所学，学无止境，预计今后还会遇到更多挑战，我将继续努力。

欣喜于学校教学督导工作带来的改变

侯永海*

中国海洋大学教学督导制始于 2000 年,先后有近 50 位退休教授参与工作。伴着 21 世纪的步伐,历经 20 年的探索前行,老一代教学督导参与见证了崂山新校区的启用、教育部本科教学评估、一流本科教育建设等工作历程。他们对教育事业和学校的挚爱、

兢兢业业的奉献精神,深深激励着全校师生。最近学校又颁布实施《中国海洋大学一流本科教育行动计划》,这必将促使学校本科教育教学水平再上一个新台阶。

2010 年 3 月 19 日,当我从时任校党委书记于志刚教授手中接过第五届教学督导聘书时,心情久久不能平静。我心里想,这是母校对我的召唤,我义不容辞。我是共和国的同龄人,1969 年上山下乡在农村和小工厂待了 10 年。1978 年恢复高考改变了我的命运,考入了山东海洋学院(中国海洋大学前身),圆了大学梦,并留校工作。我深知教师职责的使命神圣,我要全力为之,因为青年学子是国家的栋梁和未来。

不想,弹指间我又接受了第六届、第七届和第八届教学督导的聘书。10 年

* 侯永海,中国海洋大学工程学院退休教授,第五至八届教学督导专家。督导工作在岗时间:2010年至今。

间,作为一名普通退休教师,每当行走在校园里,迎面走来莘莘学子和青年教师,耳闻目睹学校日新月异的变化,跟随着学校前进的步伐,欣喜由心而发,感觉真是太棒了。

一、教学质量的守护神

我校的督导工作已形成机制,学校给予我们极高的荣誉和极大的信任,称誉我们是"教学质量的守护神"。教学督导除了常态工作外,每学期都安排不同的专题活动。诸如培养方案调研、教学档案检查、毕业论文毕业设计检查、试卷检查、实验课调研、基础课调研、艺术体育课调研、通识课调研等工作。我们还深入各学院,与师生交流座谈,参与教研活动;我们也与各职能部门交流意见,了解掌握校园动态,提供整改建议。

我们还参加学校组织的各类论坛、报告会,学习了解国内外教育教学动态;我们还有机会到兄弟院校学习交流、考察调研。这些活动大大开阔了眼界,使我们对科教兴国、教育方策、学校发展、学科专业建设、教学教改、教师职业发展等工作有了更高阶、更深层的认知,同时也感到高校使命、教师担当之重任。

教学督导每学期有两次例行交流研讨会,李巍然副校长总是率教务处、人事处、学生处、后勤等职能部门领导准时参会。他强调本科教学督导工作,是对教学体系、教学活动、教学环境全方位的督导,赞誉我们洞察细微,直言不讳;针对教学督导提交的每个问题和建议,各职能部门都积极给予回应并落实到工作计划当中。督导团内部、与职能部门间设有多个微信平台,每天都有数十条信息交流,内容万象、活跃热情、助推工作、及时有效。

二、教学活动与时俱进

课堂是督导工作的主阵地。走进课堂,切实感到学生、教师都动起来了,特别是青年教师倾心探讨实践教学效果的事例比比皆是。"雨课堂""翻转课堂""现场教学"等教学模式的推广应用;"五W"引导的教学方法、"五I"构思理念、"课题导向""项目导向"等教学方法的应用;在"金课""成果导向教育""教学艺术"等方法上下功夫。有的教师自备录像设备记录课堂教学过程,以供课后研讨交流。

教师们普遍加大了课前、课后与学生交流的频次和时间。他们通过微信沟通,解答问题、检查作业、了解小组活动进度、查看小组互评情况。教师职业真是个良心活,这些工作不能用计时计件来衡量;教师的付出和良苦用心,有时也不一定能立即见效,要到三五年后,乃至 8 年、10 年后,学生走上社会才能见到真面貌。

为了提高学生的综合素质和能力,我所工作过的工程学院自动化系做了有益的尝试。夏季学期期间,大一年级安排设计制作可供实验教学使用的单元电路模块;大二年级安排设计制作单片机模块,用于课程设计和大学生电子设计竞赛;大三年级进行科研、产品设计制作,用到了 3D 技术、机器人(机器手)、GPS、智能传感器等。学院组队参加"大学生电子设计竞赛""智能车竞赛""机器人设计竞赛",已有 20 多年历史,每年都获得几十个奖项。学院还与管理学院联合组队参加了 MATE 水下机器人竞赛,这是一项国际赛事,是一个极具挑战性的项目。竞赛内容包含技术+创新+创业,跨学科多技术融合,学生需以公司形式组队参赛。竞赛评分项目包含:现场水下任务实施(下水深度、时间、重量、调试、安全)、技术报告、现场讲解、营销海报、公司信息、科普宣传、安全文档、现场安全检查、工作安全分析报告(注意事项、对策)等。理工和文理跨学科融合,内涵丰富,实战训练,取长补短,效果加倍。

我访谈过多届参加科技竞赛活动的学生们,他们共同的回答是,享受竞赛期间的不眠不休;开阔了眼界,增加了兴趣、自信感、荣誉感;体会到团队力量、师生感情。他们中的大多数都获得"保研"机会,就业也得到高薪聘用。

我多次参加了学校组织的课程教学评估工作,所有参评教师如同参加了一次洗礼,他们的敬业精神使我动容。一门课讲授完毕,他们把教案、课堂设计、习题集、实践报告、课程设计、读书报告、小组交流 PPT 等,汇编成册。多数评估获优教师的课程都是讲授了十几遍,多的甚至到 20 遍。正如前辈所言,十年磨一剑,匠心所至方得游刃有余。可喜的是,经多年跟踪调查证实,他们不愧为优秀教师。

我有幸观摩了几乎各个学院的课堂教学,真是人才济济,各显风采。这也使我领略到,每个学科专业自有的个性和规律,自然也想到应该尊重他们的创新思路,支持他们的改革举措。

我也观摩了许多通识选修课,课程名目繁多,令我应接不暇。例如"海洋的前世今生""地球热点""工程思维""食品与健康""生活中的电器""桥牌技术"

"巴洛克艺术""电影赏析""大学生恋爱""军事常识""美国总统就职演说""诗词赏析""红楼梦里的洋货"……还有行远书院、博雅讲坛的课题一直吸引着我。

三、善待青年教师,善待青年学生

善待青年教师,善待青年学生,是我从教40年的感受。之所以如此,我认为国家的期望都落在了他们肩上,未来是属于他们的。现在"00后"出生的学生已走进校园,他们出生在信息时代;"80后""90后"出生的一代正在成长为骨干教师,他们是信息时代的伴生者。他们的共同特点是思维极具时代感,拥有新知识、新理念,思想前卫、活跃。善待他们就是要关心他们,善于与他们交流沟通,要为他们的成长提供机遇和平台。我们既要遵循教育教学规律,又要胆子大一点、步子快一点,这就是挑战。

青年教师面临职业和生活的双重考验。原本教师入职是有门槛的,十年磨一剑才能成为称职的高校教师。如今时代不同了,博士华丽转身,瞬间即走上讲台,还要他们讲"金课",对他们的要求未免苛刻了些。善待青年教师就是要做好岗前培训的帮扶工作,给压力,更要加强培养。前任教师有责任帮扶他们理清该课程的教学目标,理清该课程在专业课中的地位,了解其前修课和后续课,以便于设置重点和确定授课方式。最好再带一程,让他们观摩学习一些授课的技法,如此该"金课"也得以传承发扬。

青年学子来到大学校园,面对全新的教学、生活环境,怎样帮助他们学会自立生活和自主学习是一个老课题。与其喊话"让本科生忙起来",莫如善待学生。善待学生就是教师要自问:"我们在学生的学习过程中,到底为他们提供了多少帮助?"我校教师通过多年探索,把课堂教学延伸至整个学习过程、设置过程目标、成果性目标、创造性目标,在课前、课后设置更多的阅读、研讨、报告,提供更多实验、实践、调研、实作、竞赛等项目,学生把更多的精力投入到实践训练中,也就增加了获得感,培养了自信力,也敢于挑战了,学生对学习也就有了更高的要求。实践表明,学生在充实专业知识的同时,综合能力也得到了锻炼提升,即分析、总结、撰写、表达、PPT制作、程序制作等综合素质的提升。当学生开始主动学、我要学、我愿学时,说明教师的工作有成效了。一切为了学生,教学相长,是要有一个砥砺前行的过程,不能急,但也不能等。

四、一点思考

大约是 2012 年，我曾以"厚德敏学，砥砺同行"为主题与青年教师和学生交流座谈。我的理解，于教师，厚德有大爱，得以容载万物；于学生，勤奋好学，持之以恒，方可成才；师生是同行者，教学相长，栉风沐雨，砥砺同行。现在看来，用砥砺前行更贴切。我认为只有营造融合向上的校园风气，才能更好地发扬培育爱国、敬业、诚信、友善的社会主义核心价值观。

教育教学需要积淀传承，不忘初心才有人才辈出。我校曾拥有中国第一代涉海学科的先驱者，也曾培养了新中国第一代海洋科教工作者，他们的开拓精神、学术思想，默默无闻的敬业精神，对海洋事业的眷恋，是我们办学的精神支柱。名师、大家，他们的治学思想一定要薪火相传，国优、省优课程一定要传承发展，与时俱进。

二级学院是教育教学的主体，要凝聚中青年教师的力量，发挥各自学科和专业的优势和特色，科学创新，砥砺前行；而作为老一代的我们，一定要对他们充满信心，放手让他们去做，并积极为他们保驾护航，促他们行稳致远。

善待青年教师，是为了国家的教育事！善待学生，是为了中华崛起的复兴梦！

总之，教育教学，是一个很值得研究的课题和一个与时俱进的过程。不断尝试，不断调整，因课制宜，因人制宜，一切为了学生，百年大计，千秋大业，匹夫有责。

让我们携起手来，为实现教育报国、教育强国梦砥砺前行！

传承薪火 学无止境

——第八届全国高校教学督导暨质量评价与保障体系建设学术年会参会学习体会

秦延红*

2019年11月1日至4日，在学校高教研究与评估中心领导的安排下，我与学校几位督导伙伴有幸参加了在江西南昌举行的"第八届全国高校教学督导暨质量评价与保障体系建设学术年会"。会议安排了11个大会报告和"赣江论坛"分会场。参完会返校后，我们又收到会议交流的全部资料，阅读了总计1000余页的PPT资料，真可谓感慨良多，收获良多！总结起来，可用"了解大势开阔了眼界；深化认知提升了理念；丰富内涵促进了反思；学习汲取增强了信心"四句话概括。

一、了解大势开阔了眼界

当前全国高教领域正在掀起一场轰轰烈烈的"质量革命"建设热潮。围绕着"全面提高人才培养能力"这个核心，教育部先后出台"双一流"建设、加快建设高水平本科教育等政策，相继实施"六卓越一拔尖"计划2.0、"一流专业建设双万计划"、"一流本科课程双万计划"建设等系列重大举措。对于质量革命建

* 秦延红，中国海洋大学国际事务与公共管理学院（原法政学院）退休教授，第八届教学督导专家。督导工作在岗时间：2019年至今。

设及其一系列政策与举措出台的背景,著名高教研究与管理专家、中国教育学会会长、北京师范大学前校长钟秉林教授,教育部评估专家、南昌大学副校长、江西省督学朱有林教授等在他们的报告中都有宏观层面的阐释;而西安交通大学高等教育研究所所长、中国西部高等教育评估中心主任陆根书教授则直言,建设一流本科教育,就是全球未来高等教育改革发展的重要趋势,等等。各位专家的解读阐释,令我在了解国际高教改革发展大趋势的同时,也对本次会议主题"质量评价与保障体系建设"的意义加深了认识。不仅如此,在会上,我听到了许多新鲜的概念与词汇,诸如"以本为本,四个回归""OBE 教育理念与模式""结果导向,持续改进""反向设计,正向实施""质量文化建设"等。感谢学校高教研究与评估中心领导给了我这次宝贵的学习机会!

二、深化认知提升了理念

认知的深化可以说是多方面的:有制度层面的,如教育部高等教育教学评估中心副主任李智研究员报告中关于"五位一体"评估制度、我国现正在建设的高等教育质量保障体系以及今后完善举措与要求的阐释,不仅使我对国家层面的高教质保制度、体系建设以及要求有了基本了解,也令我对教学督导在整个质量保障体系中的位置及其使命有了更加清晰的认识。有理论层面的,如"以学生为中心",这个口号似乎喊了很多年,但对它的来龙去脉、理论基础不甚了解,学习西南医科大学教师发展中心陈勤主任的 PPT 资料,就有了这方面的斩获。以学生为中心,说到底,就是要彰显学生的尊严和价值,尊重每一个学生个体,满足学生的个性化学习需要和全面发展需要。有方法层面的,如"成果导向"的评价方法,它将对高校教育教学质量的评价延伸至学生毕业后的能力呈现,在将一种全新的"OBE 教育理念"贯彻于质量评价过程以及质量保障体系建设的同时,也使得原本抽象的、模糊的、难以操作的"以学生为中心"的教育教学理念有了更加丰富生动、具体形象且具可操作性的内涵。

这次会上,最让我感到获益匪浅的是对"OBE 教育理念",即成果导向教育有了比较系统和完整的了解。成果导向,涵盖三个方面的内容:专业能力导向、培养目标导向和社会需要导向。成果导向教育集中关注的问题是:想让学生取得怎样的学习成果、为什么要让学生取得这样的学习成果、如何有效地帮助学生取得这些学习成果、如何知道学生已经取得了这些成果、如何保障学生取得这些学习成果,毫无疑问,如果沿着这五个问题的方向思考下去、实践起来,就会让我们的教育目标更加清晰,让我们的教育路径更为合理、有效,让我们的教育成果更符合我们的预期,也就是说,它的最大的直接受益者就是我们的学生!所以,对于"OBE 教育理念",我有这样的初步理解,即它是教育普及化背景下"以学生为中心"教育理念的升级版。学习了解"OBE 教育理念",深化了我对学生中心观念的认知,也提升了或者说丰富了我今后用以指导课程教学评估和教学督导工作的理念;换句话说,如果基于"OBE 教育理念"的教学模式,需要从以教师的教为中心向以学生的学为中心转变,从以知识体系为中心向以能力达成为目标转变,那么,基于"OBE 教育理念"的教学督导,也需要首先树立起以学生为中心的评估与督导理念。

三、丰富内涵促进了反思

本次参会使我了解到,基于"OBE 教育理念"开展的专业建设与教学改革,内涵十分丰富,如国家督学、国家级化学名师李志义教授在报告中所揭示的,涉及教育理念、教学模式、质量管理体制三大方面的革新;而所有的革新都指向一个核心——提高人才培养能力,这也是在 OBE 理念指导下的专业认证的价值所在。具体实施起来,涉及的内容包括依据毕业要求修订培养方案、设置课程体系、完善课程教学大纲(其中又含有设计体现毕业要求的课程目标、设计体现课程目标的教学内容及证明课程目标的考核方式)、"成果导向"的教学改革及课堂教学评价改革;如何淘汰"水课"、打造"金课",向课堂教学要质量等。其中的每一项要求和改革包括教学评价的改革必然会涉及教学督导与课程教学评估专家评教观念、督导评估重心和督导评估方法的转变,而且这种转变是新时代教学质量革命的重要组成部分和应有之义,是新时代质量保障体系建设不可或缺的重要内容。结合自身一个多学期的课程教学评估和督导工作实践,这次学习至少对我有两点触动:一是作为评估专家和教学督导,可能有些经历、阅历和经验,但很可能因观念的陈旧而看不到或发现不了蕴藏在优秀教师教学中的先进理念和与之相适应的教学模式,提炼不出教师教学中的闪光点,甚至因持有对学生的刻板了解而不能对教师的高要求做出恰切的评价等,对此需要通过学习实践及时改变之。二是基于观察,部分教师受传统教学观的影响,把教学过程简单理解为"把我知道的告诉你",这种观念上的差距是提升教学质量的最大障碍。对此,特别需要在督导和课程教学评估的过程中,通过讨论交流沟通,传达出"以学生中心""以成果为导向"的教学与评价的新理念、新观念,通过持续、友好地跟进,切实实现科学、有效的督导与评价。

四、学习汲取增强了信心

本次参会使我深切感受到,我们正处在一个高等教育改革与发展的关键时期,攻坚克难把高校教育教学质量搞上去,为国家培养适应新时代、新变化、新需要的高质量人才,是一项极为迫切的战略任务。在这样的形势面前,作为督导专家,一方面,能参与学校教学质量的建设与保障工作,是荣耀更是责任;另一方面,诸多的新问题、新挑战,也需要勇于面对和解决。这次有幸参会,听取并学习教育部评估专家、同济大学教学质量管理办公室主任、全国高校质量保障机制联盟(CIQA)秘书长李亚东研究员的报告《基于 OBE 的教学督导改革创新》,西安交通大学高等教育研究所所长、中国西部高等教育评估中心主任陆根书教授的报告《由政策到实践:建设一流本科教育的几个关键问题》,南方医科大学督导组组长陈立明教授的报告《督导与课堂教学质量监控》,武汉职业技术学院督导组李有林教授的报告《督导如何开展听课与评课》等,受益匪浅。这些报告,对于适应新变化,迎接新挑战,提升督导工作,有着很强的针对性和借鉴意义,学习之,使我增强了做一个新时代合格教学督导的信心。

总而言之,学习是进步的阶梯;在传承督导薪火的征程上,学习永无止境。

从教研室主任、教学主任到教学督导

冷绍升 *　■

　　或许命中注定我与高校本科教学有着不解之缘。我 1988 年硕士研究生毕业进入高校工作，从 1992 年开始任教研室主任，那时的教研室工作定位很明确，就是本科教学。我在教研室进行着教师们的本科教学排课、本科教学效果分析与评比、本科教学工作量的汇总等工作，然后将这些工作经由系主任批示后执行。对于这些工作我不敢有一点儿差错，因为这一工作直接涉及教师们的奖金。相邻教研室主任给我们教研室的本科教学排课，我总感觉排得不到"火候"，一时"冲动"之下，较真儿劲又来了，为了排好本科课，我进修了两年另一专业的研究生课程。那时我亲眼所见好几所高校的财经类教研室都出现了"用人荒"，一些教师或许太热衷"实务界"，抛开了他们曾经从事的高校工作，到企业当老总去了。在这样的背景下，我学的是日语，而进修研究生课程中的多门课程是英语，我通过查字典、虚心求教等多种方式，在研究生授课教师们严谨的治学态度和十分严苛的给分下，心静如水地进修了两年。也许上苍眷顾我对财经类本科教育的执着，我所在的教研室 1994 年获得博士点，1998 年获得博士后流动站；我所进修的教研室 1996 年获得博士点，我也因进修取得的"能量"，促使我的教研室工作更加得心应手，邻近教研室给我们教研室排课时，也改变了以往的态度，总是给我所在的教研室排最好的课。

---

　　* 冷绍升，中国海洋大学管理学院教授，第八届教学督导专家。督导工作在岗时间：2019 年至今。

就这样我在基层教研室"摸爬滚打"了9年，2001年组织任命我为新组建的中国海洋大学管理学院工商管理系教学主任，从此开始了另一段主持本科教学的工作。虽说是教学主任，但由于处于建系之初，没有成立教研室，我实际承担的角色是教学主任、教研室主任以及相当一部分的行政事务管理工作。当时的工商管理系成员中包括前任院长、现任副院长、海大文科第一次引进的两位博士后，学院对这些人员有着针对性的工作内容。系里的教师有的去国内高校进修，有的在国外高校研读，有的在读省外高校的博士，而发展中的管理学院，亟须学科建设快速成长，这给本来已经缺员很多的工商管理系的本科教学带来很大的困难。这种境况下对教学主任能力提出了更高的要求，不但要紧抓本科教学不放手，还要创造各种条件为学科发展服务，有时一天需要有条不紊地完成十几件事。经过我不断地努力，形成了完整的工商管理本科教学方案和各种本科教学管理制度，本科教学工作的重点是狠抓这些制度的实施，保证了工商管理本科教学质量。搞好本科教学工作的同时，学科建设的服务工作也取得了效果，以工商管理系教师为主体，申报下来了农业经济博士点、管理科学与工程硕士点、技术经济与管理硕士点。这一阶段经历，对我本科教学的拓展能力有了很大的提高，使自身对本科教学的大局观更强。

2019年9月，我开始了本科教学的第三次经历，成为中国海洋大学本科教学督导团的成员。经过财经类本科教学起起伏伏的经历成长起来的我，具有了扎实的本科教学功底和本科教学拓展能力，更有着能够从历史脉搏中观察财经类本科教学的视野。我在本科课程的课下准备中，已经进行了多年的研究。我的本科课堂已从早期关注学生是否有不听课的举动，到现在关注的重点是学生是否走神；上课互动，已从早期的只关注解答问题，到现在解答的重点是关注学生是否心里想的是对的但回答是错的，或者心里想的是错的但回答是对的。这种转变使我对每一刻学生的听课状态和学生心理活动都有了透彻的了解，也为针对性地采取措施提供了良好的基础。31年的本科课堂教学中，学生的表现都在我的意料之中。成为本科教学督导后，本以为有了这样本科教学和管理基础的我，教学督导工作对我不难，但实际的督导工作进程确实有点出乎意料，已从事本科教学和管理工作这么多年，第一次感受到来自本科教学督导工作的挑战，第一次如此深刻地认识到本科教学督导工作的重要性。

我们的教学督导团有着从事多年本科教学管理工作的副校长、主任、副主任和员工的指导和支持,他们对本科教学工作时刻进行着审时度势地引导;有着传承 20 年的老一辈的教学督导专家,他们自身有着很高的本科教学素养,他们本科教学督导的轨迹遍布海大本科教学的各个角落,为今天海大本科教学督导工作开了先河,打下了良好的基础;现有的本科教学督导成员来自以海洋为特色的理学、工学、农学、文学、经济学、法学、管理学、教育学等各学科门类,每一位督导成员都对本科教学有着深厚的情感,也有着突出的本科教学实力。与这些来自不同学科、能力又强的教学督导们一起工作,我需要向督导前辈和现行督导成员学习,从而使我更快的具备比我做教研室主任、教学主任时更为广阔的本科教学的视野。

当今高校本科教学已产生重大的变化,由过去的教师"满堂灌"转变为教师引导学生,促使学生独立思考和学习的新型教学方式,这对现任的每一位教学督导都提出了严峻的挑战,需要每一位教学督导能够迅速理解和消化这些教学方法,将这些方法有效地运用到教学督导的过程。仅就 2019 年下半年,为了能够全面、迅速地掌握这些方法,我认真学习了《教育部关于一流本科课程建设的实施意见》的有关文件,先后听取了谢和平院士《以课堂教学改革为突破口的一流本科教育川大实践》的演讲、华中科技大学教科院赵炬明教授《课程设计——从布鲁姆到迪芬克》的报告、吉林大学张汉壮教授《以立德树人为目标的一流课程建设与实践》的报告,还学习了安德森的《提高教师教学效能》、迪芬克的《创造有意义的学习经历》等专著。与过去任教研室主任、教学主任期间所采用的本科教学方法相比,新型的教学方法在教学立足点上有了根本的改变,范围更广,程度更深,需要我们督导不断地加强学习,才能更好地进行教学方法的督导。

《教育部关于一流本科课程建设的实施意见》中明确指出课程是人才培养的核心要素,课程质量直接决定人才培养质量。从教研室主任、教学主任到教学督导的经历,使我深深体会到,要成为一流课程,需要担任本科课程的每一位教师对自身所讲课程内容有深入的研究,形成全面、系统、有规律的教学内容。没有充分的研究,没有授课的深切体会,就无法形成全面、系统的教学内容,这将造成本科教学失去根本,再好的方法也无法创造出核心课程。当今随着智能技术、先进运作方式的到来,众多的课程教学内容都需要进行全方位更新。我所讲的专业课 30 年来一直行走在研究的道路上,尤其是近年来随着模块单元运作、智能技术、精益运作的到来,我进行了全方位教学内容的更新,只有这样经过研究的本科教学内容,才能够具备课程的核心,才能够具备采用各种先进教学方法的前提,学生才能够具备能力培养和提高的前提。与过去任教研室主任、教学主任期间所选择和教授的教学内容相比,现今的本科教学内容变化更快,需要我们每一位教师花大气力及时地跟上这种变化,这也是今后督导们需要督导的核心工作。

尽管只做了不到半年的教学督导工作,但所听的30次青年教师非评估课程的情景依然历历在目,每次的听课我连一秒钟都不敢懈怠,生怕遗漏了这一秒而影响到对教师授课课程评价的客观性。有的老师讲土地革命时引用的作品是丁玲的《太阳照在桑干河上》而不是周立波的《暴风骤雨》,这需要督导能够结合当时的授课情形,洞察出教师引用作品的初衷,要求教学督导具有十分丰富的知识储备。有的教师尽管用了一系列难度大的数学模型,但所授课程并没有反映出课程本身特性,需要教学督导能够从课程的源头出发,引导教师构建系统的课程内容,从而体现出课程本质,要求教学督导具备强大的由表及里揭示课程规律的能力。有的教师参阅了很多国内外文献,但所讲课程如流水账,需要督导引导教师深入到课程背后的领域中,确定主体对象和流程,使授课文献具备凝结点,需要教学督导具有丰富的实践经验。从更深层次本科教学来看,30次所听青年教师非评估课程反映出这些教师的课程在内容的全面、系统、规律性上还有所不足,从而造成融入部分前沿内容时的唐突感,造成学生思辨能力互动显得随意。由于有些教师对新型教学方法的理解只停留在表层,虽采用新型的教学手段,但教学过程明显跑题,教学目标达成率很低;由过去教师的"满堂灌",变成了学生的"满堂灌"。由于教师们对授课是双向而不是单向的理解还不深,出现了只顾自己叙述,不关注学生的听课状态的普遍现象。青年教师的讲课虽然有各种各样的问题,但每一位教师都能够虚心听取我所提出的建议。让我感动的是有好几位教师特别欢迎我去听课,还提出来为什么我没有早听他们的课。这真的让我有点受宠若惊,对行为学有着研究的我,能非常明确地感受到这些教师话语背后的真诚。教师们这种虚心求教的态度就是海大本科教学得以改进的源泉,它让我们这些督导倍感压力,但同时也充满动力。可见,海大本科教学的改进离不开教学督导工作,海大确实需要一支能够对本科教学督导工作真诚付出和不断学习的督导队伍,"海纳百川,取则行远"不仅仅是海大的校训,也是我们每一位督导前行的准则。

听课与交友

周继圣* ■

我先后十几年担任海大教学督导,辗转于鱼山、浮山、崂山三个校区,聆听了各学科数百位教师的授课,不仅在学业上受益匪浅,也与许多教师成为好友。

记得有一次,是上午第二节课后的课间,我事先没打招呼就走进一位女博士的课堂。按照我的习惯,我站在教室门口,让学生请老师出来,以便告知她我来听课。她看见我,先是一愣,接着就略显激动地说:哎呀,周老师,可把您盼来了!我一听,吃了一惊。在此之前,我听过好几位熟人转告我,说是有些青年教师很怕我去听课,他们让我不要对青年教师太苛刻。我虽然自觉没做什么"苛刻"事,但我意识到,自己在青年教师中可能是"冷酷的"形象。可是这位女博士的激动,让我很意外。还没等我应答,她就解开了我的疑团:"我这学期每次备课,都想着周老师您会来听我备的这节课,所以我可是下足了功夫的!"我不禁哑然失笑,心想:哎呀,博士,你也太给我面子了呀!

女博士把她的一沓教案概要递给我,我先浏览了一番,嗬,篇篇精彩,字字珠玑!我又把当天的教案概要认真地看了一遍,指出她的授课节奏设计有两处应该调整。我只是顺口一说,没指望她立刻修改,没想到,她竟然一阵风似地跑到多媒体控制台,"三下五除二"就把课件的相关部分做了调整。……我很享受

* 周继圣,中国海洋大学文学与新闻传播学院(原文学院)退休教授,第四至七届教学督导专家。督导工作在岗时间:2006—2016 年。

地整整听了两节课,中间没打扰她。课后,她捧着笔记本来请我点评,我说了八个字:尽善尽美,自愧弗如。她突然站起来,给我深深地鞠了一躬。就这样,我们成了朋友。

有位男博士也是我的忘年交,不过他运气差点儿。我事先没打招呼要去听课,只是上课前五分钟才当面告知来听课,并且叮嘱他,别紧张,该怎么讲就怎么讲,讲出自己的最好水平。他一迭连声地答应着,脸上的肌肉多少有点儿发僵。铃声响了,他站在讲台上,低头翻讲义,麦克风里传出哗哗哗的翻纸声,半天也没说话。看来是我吓着他了,我连忙向他做了一个 OK 的手势。他终于开口了,声音却是颤抖的:"嗯嗯,今天,教学督导,周老师,嗯嗯,来听课,嗯嗯,大家,欢迎!"他讲得很流利,没有任何错误,不过,流利过头了。课上到尾声的时候,他突然来了一句:哟,还有 17 分钟才下课,再讲点儿什么呢? 嗯嗯,这个,对了,我这刚好有个光盘,咱们放个短片哈。于是,屏幕上出现了一个艺术片的视频片段,遗憾的是,这段视频跟本课主题风马牛不相及……课后,我在走廊等他,窗户玻璃映射着我的满脸乌云。他战战兢兢地挪动到我身旁,半天才挤出一句话:"周老师,我太紧张,上砸了,对不起!"我叹了口气说:"我又不是老虎,你干嘛这么紧张!"他说:"我备课的时候,按照中等速度把讲稿都背下来了。可是一上课,就刹不住车了,越讲越快,45 分钟的内容 30 分钟就讲完了……"听他这么说,我有点儿哭笑不得,合着他是被我吓得! 这时,他嗫嚅着说:"周老师,我这次课能不能及格?"我明白,他担心听课记录一旦照实交上去,对他极为不利,就对他说:"你别担心了,先把下面的课上好,加上一个组织学生深入研讨的环节。我下周再来听一次,然后把两次课做一个综合评价交上去。"第二周,我真的又去听了他的课,这次的课可圈可点之处不少,两次总评"良好"。自然,我们也就成了朋友。

还有一位男老师也是博士出身,人非常厚道,学问也不错。不过我去听他课的时候,他有些失误了。他是讲通识课,而且是临时代课,备课不到位。讲到云南东巴文化特点的时候,他很认真地告诉学生:东巴族的语言和象形文字如何如何,还用板书予以强化。显然,他犯了常识性的错误。中华民族大家庭里没有叫东巴族的民族,更没有东巴语,只有纳西族、纳西语。纳西族的巫师叫东巴(大东巴、小东巴),东巴记事的文字叫东巴文,东巴用纳西语解释东巴文的含义……

遇上这种情况，多少有点儿棘手。现在是第三节，中间休息时，我如果给他指出这个错误，他第四节课就会上不顺了。不指出呢？不仅对学生们有误人子弟之嫌，而且日后学生们一旦发现这个错误，教师的声誉就会受到负面影响。于是，下课后，我马上把他请到走廊，告诉了他这个纰漏。他一听自己讲课出了岔子，脸上显现出慌乱的神情，我一看马上说："等下你跟学生们这样说：刚刚来听课的教学督导也是文化学者，他对东巴文化比我熟悉。他告诉我一个权威的结论——纳西族、纳西语、巫师东巴、东巴文……请大家按照专家的意见，把刚才的笔记修订一下……"他感激地对我一鞠躬，立马到教室"善后"去了。至此课堂上的一小片乌云散去了，柳暗花明，皆大欢喜。当然，我和这位博士的友情也加深了一层。

除了博士朋友外，我还与不少硕士出身的教师结下深情厚谊。记得有好多位硕士讲师主动邀请我去听他们的课，听课后，我先是就课评课，肯定优点，指出不足，提出建议；然后就把重点放在教研课题的发掘之上。这些青年朋友很机敏也很勤勉，在我的建议下，他们很快找到了适合自己的教研题材，撰写出教研论文在省级以上刊物上发表，提升了自己的学术实力。直到现在，还经常有一些青年朋友找我探讨教学与学术。此外，在听课时，我发现有些教师有言语障碍或发声缺欠，我也给予他们科学的指导，帮助他们摆脱困境。以一技之长，为他人解难。赠人玫瑰，手有余香。荣哉幸哉！

与人为善，扶助青年，促进教学，造福学生，这是我们每一位教学督导的天职。感恩学校领导，感恩广大教师同行，我置身督导队伍十几年，增益了新学识，结交了新朋友，我觉得这是我晚年莫大的幸福！

督导随笔

朱　萍*　

　　有幸成为学校第八届教学督导团成员，从李巍然副校长手里接过聘书的那一刻，我从心底里感觉到光荣，也涌出一种深深的、神圣的责任感和使命感，同时也暗下决心，一定要向老一辈督导专家学习，不辜负学校对自己的信任。抱着学习的态度，我踏上了督导工作之路。

　　之前，督导专家中给我印象最深的是张永玲老师。那时，在学校的很多课堂上都会看到张老师的身影，张老师的督导风格是严谨里透着慈祥，和蔼里包含认真，包容里又蕴涵着严格，虽既怕且惧，但很多年轻教师却又是真诚地希望得到她的指导（我就是其中一员）。这似乎有些矛盾，但事实就是这样，我们虽有时被她批评得后背冒汗，甚至是脸面有点儿挂不住，但还是从心里愿意接受她的指导。那时我是体育部的教学主任，张老师会经常与我探讨有关体育教学方面的内容，好学的精神让我至今难忘。

　　老前辈督导专家的榜样作用深深影响着我，也督促、提醒着我要不断地加强学习，努力提高自己的业务素养。虽然教学工作有它的共性，但不同的课程绝对有不一样的精彩。鉴于这样的认识，我也逐步形成了我的督导理念：虚心学习，尊重差异，博采众长，督是前提，导更重要。

　　督导工作——我的再学习之路！

---

　　* 朱萍，中国海洋大学体育系教授，第八届教学督导专家。督导工作在岗时间：2017年至今。

近三年来,除了日常教学和其他工作之外,业余时间我基本都在看、听课的学习路上,收获颇丰。王树杰老师用自己丰富的专业知识和实践经验为学生们讲解学科前沿知识;王玮老师用风趣幽默的语言为学生们开启的第一节专业课;时亮老师用自己深厚的文学底蕴和丰富的专业知识讲解的法学概念;赵婧老师富有激情的古诗、古文朗读和讲解;郭晶老师把相对抽象的金融理论课上得像是在听悦耳的音乐;有学生们心中的"男神"之称的桑本谦老师具有书库般丰富的知识储存;刘蕊老师把跆拳道的精髓在课堂上表现得淋漓尽致;邹威特老师把经典歌剧演绎得让人痴迷;王萍老师绘声绘色的心理辅导课程;徐向昱老师在城市系列课程中所展现的专业知识之厚、涵盖范围之广令人赞叹;刘永祥老师充满激情和正能量如演讲般的思政课……这些优秀的教师、优秀的课程不仅让学生们受益匪浅,让学生们听得心潮澎湃,也让我身受感染和教益。

我为学校有这么一批出色的教师感到骄傲!

在不断地学习中我体会到,随着我国高等教育改革的不断深化,高等学校的发展面临着前所未有的机遇与挑战,如何稳定和提高教学质量已成为高等院校生存和发展的生命线。高校教学督导工作直接面对一线教与学的双方和教学过程实践,通过督导工作可以及时、客观地反馈教学现状,实现教学管理全过程的有效调控;同时,督导们更多地从学科、专业角度开展工作,提出较为客观、科学的意见和建议,指导和帮助教师更好地改进教学,所以教学督导是高校教学质量监控体系中不可或缺的专业力量。教学督导工作对于保证高等学校教学管理工作良性运作,提高教学质量起到非常重要的作用。

在不断地学习中我意识到,要建立自己心中科学的评判标准,就要随着时代变化不断学习,与时俱进;要尽量做到督导工作到位,但不越位,遵循共性,倡导和尊重个性,坚持以"督"促"导"的督导方式和督导艺术,努力营造融洽、和谐的良好工作氛围,提高工作实效,真正实现客观、科学、公正、公平;对不精通的专业更要加强自身的再学习,以让自己能够理解得更深入、观察得更全面,切实提高自己的评判能力和发现问题的能力。

在不断地学习中我领悟到,督导过程中要重视"导"的作用。高校的教学督导工作在我国高校运行中还处于继续探索阶段,督导内容还应该更加丰富,并进一步重视"导"的重要性。督导在工作中,在注重"督"的同时更要强化"导"的意识,发现问题的同时更要帮助其解决问题。因为,督导的作用就是要帮助教师提高专业教学技能和教学水平,怎么更好地引导教师提高教学质量、提升教学技能、丰富教学技巧,这才是督导们更核心、更重要的责任,督导工作不能只停留在"督"的阶段。

在不断的学习中我认识到,高校的根本任务是人才培养,人才培养的质量关系着学校的生存与发展。教学督导亦是为稳定和提高人才培养质量服务的。培养人才,要以促进师生的可持续发展为关键点,督导者要在肯定和尊重师生的基础上,帮助师生实现自我价值。因此在督导过程中要强调以人为本,教学督导工作应该是全程、全面、全员的整体性工作体系,督导内容应涵盖教、学、管三方面,使之相辅相成,以促进人的全面发展。因此,对于教师,不仅要关注其授课能力,还要注重教师职业素养的提高。

在不断的学习中我感受到:督导专家是高校教学督导工作的直接完成者,要加强自身学习,做"研究型督导",要与时俱进,避免知识老化。督导应虚心向被督导教师学习,在相互学习交流中研究、探讨问题,提出改进意见。督导专家的个人素质是决定教学督导工作质量的关键所在,因此,加强自身学习,提高个人素养,进行必要的培训,参加教学研讨,倾听专家们的讲座,外出参观学习,了解教育改革发展前沿和动向,吸取最新研究成果等,都是完成督导工作的必不可少的要素。也只有不断加强学习和研究,才能在督导工作的过程中真正做到"督"中有"导"。

在不断的学习中我总结出,作为督导专家要有一定的督导原则。如客观公正原则,要从授课实际出发,以科学理论和教学规范为依据,做到实事求是、公正客观,充分肯定长处,坦诚指出问题与不足。如整体性原则,既要看教学内容,也要看教学方法,既要看课堂教学,也要重视课下指导,从总体上把握教师的教学能力、责任心及教学效果。如激励性原则,要善于发现教师课堂上的成功之处、闪光点,注意发现教师教书育人、立德树人、素质教育和运用教学手段好的典型,帮助总结、推广,使其发挥示范作用。如差异性原则,针对不同课程、不同内容、不同教师,善于把握不同课程和不同教师中存在的"同中有异与异中有同"的现象。如褒扬有度原则,对督导的课程要分清主次,抓住重点,不能一味地肯定和鼓励,而对存在的问题则轻描淡写,要在褒扬中指出进一步改进和提升的方向。

俗话说,活到老学到老,感谢学校给了我这么好的学习机会,使我在督导工作的过程中学习到了很多，非常珍惜同时又感到庆幸。写下以上的文字也让我心生许多感慨，落笔的同时眼前也不断闪现着老一辈督导专家的身影，他们始终是我学习的榜样，我也会以他们的言行自警自励，不断加强自身的学习，提高自己的工作能力，和督导团的其他成员们尽心尽力地完成好学校交给的督导工作任务，努力为提高学校本科教学质量、为学校人才培养工作贡献微薄之力。

教学督导,新的学习提高机会

孙即霖 *　■

感叹时光的流逝,从我进入山东海洋学院开始大学学习以来,40 多年已经过去了。抚今思昔,对哺育我成长的学校充满了深深的感激之情。从硕士研究生毕业留校到现在,30 多年的教师工作,使我对高等学校教学工作的认识不断提高。承蒙学校信任,担

任教学督导已两届,对高校教学工作的认识有了前所未有的提高。教学督导工作,给我提供了新的学习机会。

教学督导工作与个人承担具体课程教学工作相比,在教学观念上得到了很大的提高。记得刚担任督导工作不久,在高教研究与评估中心组织的教学研究座谈会上,聆听了老一代督导专家对教学工作的真知灼见,受益匪浅。许多老先生,如李凤岐老师谈到,提高教学效果,需要明确五个"W":讲什么,对谁讲,为什么讲,谁来讲,如何讲。深刻理解五个"W",就容易搞好课堂教学。谈到教学,他用三句话高度概括:教学有法,教无定法,教有常规,并就课堂教学艺术进行了精彩的阐述。他在教学上的观点极大地提高了我对教学的认识。

老一代督导专家们对教书育人工作的满腔热情、高度的责任心和教学上的

* 孙即霖,中国海洋大学海洋与大气学院教授、博士生导师,第七、八届教学督导专家。督导工作在岗时间:2014 年至今。

真知灼见给我树立了良好的榜样,对年轻教师在教学改革中的支持更令人难忘。2007年,周发琇老师对我"天气学原理"专业课程教学与天气预报实践密切结合的教学改革方式,给予了大力支持和鼓励,认为是促进学生专业学习兴趣的有效方式。他的支持和肯定,更给我增添了努力做好教学改革、提升教学效果的力量。

担任教学督导工作以后,通过听课活动和其他督导工作活动,学习到其他院系教师们许多精彩的课堂教学艺术和技巧,开阔了教学思路,得到了很多的收益。对于优秀的教学过程,听课的过程就是课堂教学艺术的观摩学习过程,不同任课教师在某些教学片段中的闪光点经常给我许多有益的启示。同时,中心还安排我参加教育部组织的课堂教学论坛等活动,让我对教学活动的认识得到更深层次的提高。

当前正值信息化时代,网络的普及和在教学中的应用,使得线上线下教学活动将面对面的教学活动与网络虚拟空间有机结合,从而使教学手段更加纷繁多样,教学信息量极大地扩充,教学活动的时空范围也极大地拓展了。今年,突如其来的新冠肺炎疫情使得线上教学模式被广泛采用,这也给教学督导工作提出了新的挑战和要求。我通过线上听课,看到、感受到许多年轻教师为建设线上课程所付出的努力,非常令人钦佩。本学期我也参加了教学支持中心组织的多次专家在线报告会,欣喜地看到参会的教师们越来越多,许多年轻教师对教学的热情越来越浓厚,他们积极探索新的教育教学思想观念、学习不同的教学方式,为提高教学效果所做的努力,都给我留下了深刻的印象。

新的教学方式的采用,不可避免地也会出现教学效果的良莠不齐。个人认为,教学督导工作应当在充分调查研究、学习提高的基础上,发现和鼓励优秀的教师积极开展教学方式、方法的改革,并通过督导活动,将优秀的教学方式较为广泛地推广,从而更广泛地促进教师群体教学能力、教学水平和教学效果的提高。在这个过程中,那些被选为标杆的优秀教师也必将更加努力,其对新时代教学改革的认识也必将又有一个新的提高。

作为例子,我专门对研讨型教室教学活动进行了一个调研,听取了十几次教师利用这类教室的授课,使自己对这种分组讨论式的教室教学有了比较深刻的认识。通过分析比较教学效果,发现研讨型教室应当充分激发学生兴趣,发动学生积极思考,对某些问题进行分析讨论、教学互动,才能发挥研讨型教室有别于普通教室的教学效果。如何提高此类教室的教学效果,本人准备进一步增加听课样本,进行归纳总结,写出相应的有参考价值的体会。

教学督导,不但是自己的职责,也是提高自己教学艺术的机会。在督导听课过程中,我将自己切实、直观的感受和体会以及从其他教师身上看到、学到的好的经验和做法与教师们坦诚交流,也把自己的教学心得经验倾囊相授,用于帮助年轻教师;同时,我也不断地换位思考,把自己的收获应用于自己承担的教学任务,努力提高自己的教学能力和教学效果,"活到老,学到老"!

老一代督导专家一直是我的榜样,"老牛自知夕阳晚,不用扬鞭自奋蹄",我十分感谢学校的信任,同时也希望能够为提高我校的教学水平尽自己的绵薄之力!

第四部分

PART FOUR

提灯引路，润物无声

——致敬海大教学督导团

教育质量是高等教育的生命线与核心。为保障教学质量，每一位教育者必须先受教育，这是教育者的责任和使命。为了让教师们更快更好地"站住讲台、站稳讲台、站好讲台"，海大建立了教学督导制度。近20年来，8届50余位德高望重、严谨治学的教学

督导专家们，怀着强烈的责任感和使命感，以满腔的育人热忱和一丝不苟的工作作风，深入课堂，对教学工作进行监督、检查、引导和鼓励，促使教师们在及时充实本体知识，提升文化底蕴和专业素养的同时，积极改进教学方式，优化教学活动，为提升教学质量夯实基础，在为国育才的事业上大道行思、取则行远。

因为两次参加学校的课程教学评估工作，同时开设有专业课与全校通识课，让我有幸得到了校、院两级教学督导专家们的关怀和帮助，在教育理念、教学设计、备课技巧、课堂驾驭等多方面成长颇多。现将我的体会总结如下。

一、热爱学生、反思提升自己

"热爱一个学生，或许就会成就他的一生。"学生是教学过程的起点和终端，

---

* 李华，中国海洋大学法学院讲师，主要研究领域为民事诉讼法学。

是教育的本体。教与学的双边活动过程,实际上是师生情感交流的过程,这就决定了热爱尊重学生是全部教学活动的基础。从这一基础出发,教学的一切应以学生发展为目标。作为教师,即便"民事诉讼法学"课程已教过许多遍,但我还是会时刻思考并向学生请教"我的教学是否有效?""我目前的教学模式有没有办法再提升一步和改善的可能?""学生喜欢什么样的教学方式?""课堂提问中学生积极性不高的原因是什么?"等问题,通过反思,不断调整教学思路和方法。

念念不忘,必有回响!当教师开始热爱学生的时候,师生之间分明就有了友谊。这种友谊正如荷麦所言:"是一种温静与沉着的爱,为理智所引导,习惯所结成,从长久的认识与共同的契合而产生,没有嫉妒,也没有恐惧。"①每天看到有许多学生清亮的眸子被点亮,时刻有纯净的心灵与自己不期而遇,心中油然而生的欢喜早已远超付出。

二、确立正确的教学原则,选择最佳教学方法

虽说教无定法,具体课程的教学方法不尽相同,但都应遵循一项总的教学原则:为达到"最好的教学效果",应选择一种与本专业特点、课程内容、教学对象相适应的"最佳的教学方法"。

具体到"民事诉讼法学"这门课上,法律的工具性、世俗性决定了法学教育的实践性导向。但囿于理念误区、教学成本、学生规模、教师评价机制等因素,实践性教学内容在诉讼法学教学体系中实际上处于弱势境地。所以我在教学过程中,牢牢把握住实践技能培养的阶段性特征,跨越法学基础理论与实践技能训练的鸿沟,将实践技能尤其是法治思维的训练融入每一堂"民事诉讼法学"课中。

三、细心准备教学内容,精心设计教学环节

备好课是讲好课的前提。我的备课与讲课的内容比例大约在5:1,虽然这些内容不可能在课堂上全部讲授,但扎实的备课能够保证授课信息量的完整、多元,能把专业的基本理论、基本知识和前瞻性知识点系统地传授给学生,

---

① 潘琦.人生珍言录.南宁:广西人民出版社,1990:267.

达到预期的教学效果。

　　"民事诉讼法学"这门课我已经讲了近20遍了,按理说可以轻车熟路,但实际每次上课前我仍会精心备课。备课主要是备资料、备方法,为适应多媒体教学的需要,还要备设备;而在学生注意力稀缺的时代,备学生尤为重要。

　　备资料主要包括三大类:第一类是理论性的资料,注重积累民事诉讼前沿研究的情况,包括国内外有关的专著、教科书、学术论文中的有关重要学说、观点、实际情况、发展趋势等研究成果;第二类是法律法规、司法解释等,还包括指导性案例、司法观点集成、各种公报、声明、纪要等;第三类是交叉性学科资料,以此来开拓学生学术视野,培养学生的法学思维。这些资料的筛选,既要考虑知识链的"串联",也要考虑知识链的"并联",即考虑知识点之间的衔接与相关性。

　　备学生则主要是了解学生的年龄特点、知识基础、学习需求、学习困难、思维发展水平、认知习惯等,以生为本,有的放矢地实施教学活动。

　　在教学环节设计上,力求各教学步骤和环节过渡自然,充分发挥学生的学习主动性。例如,在讲诉讼证据时,我先用5分钟时间把央视春晚小品《扶不扶》片段放映给学生看。在欢笑声中,课堂气氛活跃起来,趁热打铁,我向全班发问:"在小品中郝建试图收集哪些证据? 郝建是否需自证清白? 这些证据的证明力如何?"……在同学们热烈的讨论声中,自然导出"证据的法定种类"这一新课内容。

四、培养学生法治思维,引起思想共鸣高潮

　　法治思维是法科生应当具备的基本素养。为培养这种将法治的诸种要求运用于认识、分析、处理问题的能力,以及用法律规范为基准的逻辑化的理性思考方式,我在课堂上也进行了尝试,每节课会增加5分钟的法治新闻评讲环节。譬如我会结合"双11"购物讲网络失信与纠纷、罗尔求助讲诈捐入刑问题等,培养学生用法律思维分析实际问题的能力。再如疫情防控当下,我可能就会讲民事公益诉讼、隐瞒进入疫区或患病而导致周围人群被传染的行为定性、假口罩涉及的多个罪名等问题。

　　师生"互动"是课堂教学的生命力。为了保证教学进度,原本我在课堂上安排的单独提问环节并不多。在参加课程教学评估过程中,专家们表示这二者并不是相悖的,完全能够很好地共存,并且能够相得益彰,关键是要围绕教学效果

和学生学习效果来做教学内容的选择和课上课下的整合,而不是让教学进度牵着走。我虚心接受了督导专家的意见,日益重视"师生互动"环节,通过良好的互动教学来活跃课堂气氛,引起思想共鸣高潮。"互动"环节不仅设计在课堂内,在课外这种互动仍在继续,我通过微信、邮件、网络平台等媒介与学生进行交流沟通。

以上谈及的是督导专家们的"言传"对我的启迪点化,其实,来自他们的"身教"同样令我敬佩感动。督导专家们的汗水洒在了同学们的课堂上,身影出现在实验室的灯光下,足迹遍布学校的角角落落,工作内容涉及专业建设、教学管理、教学活动、学风建设、教学改革、教师培养等方方面面。纵然两鬓斑白,却依然行健不息。这其中,听我课最多的是肖鹏教授,他对我的影响可概括但不限于以下三个词汇。

一为自律,他教会我正确对待自己。我讲授的"民事诉讼法学"是程序法,记得在对"票据纠纷管辖"知识点进行备课时,我把相应的实体法——《票据法》也做了系统学习,感觉其中的两款法条规定相互矛盾,百思不得其解时求教肖老师。老先生迅速给出了精准解答。"博观而约取,厚积而薄发",在知识快速更迭的时代,光靠讲授课本上的东西已远远不能满足学生的需求。在他看来,学习从来只有进行时,没有完成时。"不能被学生问倒"的背后,既是他任何时候也不放松学习的严格自律,也是对学生负责、对职业敬畏的践行。

二为尊重,他教会我正确对待学生。作为教学名师和资深督导,听课时,他谦虚认真、静默观察,和学生一起投入学习;评教时,他平易近人、真实诚恳,站在平等的同行立场上,既充分肯定我的闪光点,又实事求是地指出不足;建议时,他循循善诱、启发点化,以谈心切磋的方式,引导我自觉反思并心悦诚服地接受意见;帮扶时,他画龙点睛、倾囊相授,将实用的授课经验和教学心得无私分享。老先生的严正与宽容中隐含着他一贯的原则:尊重。愈靠近他我愈能真正领悟"尊重是教育成功的前提"的真谛。尊重学生的人格、尊严、情感、观点、差异……在与学生们的相处中我一直尽力这样做,我和我的授课能被大多数学生接受和喜爱,应当与对他们的尊重分不开。我的一位研究生,原来的微信签名是"拽","90后"的学生,大抵这样子,特立独行,个性张扬。毕业半年后至今,微信签名改为"尊重他人,便是庄严自己"。"善歌者,使人继其声;善教者,使人继其志。"①想来,这便是教育薪火相传的力量体现吧。

三为敬业,他教会我正确对待事业。2019 年秋季学期,在学校五区门前遇到肖老师。彼时他身体抱恙,走几步路就喘。当听说他要去五楼督导时我便建议就近听课。老先生认真地说:"督导是我的工作,作为一对一指导老师,我得对青年教师负责。爬楼喘不碍事,多歇几次就能克服。"那一刻,我心中的职业敬畏被再次触动,坚守教育良知,释放智慧与情感,唯其如此,才能获得一种内在尊严和愉悦的生命价值!

而当我在工作中稍有懈怠的时候,老先生花白的头发、缓步前行的背影就犹如当头棒喝:年轻人,慎勿放逸! 当勤精进,如救头燃!

书不尽言,言不尽意。感谢,珍惜,前行路上为我们提灯引路之人!

---

① 江云.四书五经.北京燕山出版社,2009:415.

因课程教学评估与督导结缘

齐祥明 *

2019年春季学期结束的日子,是我在海大教学满15年的日子,也是我个人结束我第二次参加课程教学评估的日子。是的,第二次课程教学评估,这个开头很像一个俗套的励志故事。对我来说,却都是一些真实的旧事,一直激励着我在海大的讲台上,用持续的激情、不断进步的教学技巧带领那些优秀的年轻人在知识的海洋遨游。

我参加过两次课程教学评估,第一次是在2006年的秋季,讲授"食品加工机械"课程,那时我刚入校不满三年,评估过程中有幸接触到了如今都已退休多年的海大老一辈教师之范。郑家声、王薇、李静等老先生们那时的身影尚还轻捷,正是他们的不断批评和鼓励,让我作为一名年轻教师在那次评估中深切体会到了这些教学督导专家们对我个人教学能力提升的促进作用,"以评促建"的评估理念也深深地印在了我的脑海之中。那次我获得了优秀的成绩,我一直以为这份侥幸是我对教学的热情打动了督导专家们。因为,尽管在那之前,我对当时自己的教学水平很有自信,但在评估之后,我更清醒地知道,与那些皓首穷经的老先生相比,我的教学能力仍有很大的提升空间。

如果那算是个开始,之后的十多年说起来有些平铺直叙,我的教学技能和

* 齐祥明,中国海洋大学食品科学与工程学院副教授,主要研究领域为食品蛋白质与脂质资源开发与再利用的产业化技术探索。

知识驾驭能力一直还在缓慢的提高着。有时候学校还会安排我去讲授一堂集体教学观摩的课程。每每路遇旧日那些在我教学能力提升上给过我巨大帮助的老先生们，我都还会虔诚地请他们再去听听我的课，看我有没有长进，还有没有新的问题……一开始，他们说："好的，小齐，我重点先听听他们新来年轻人的课程，有空儿一定再去听听你的课。"我理解的，我也曾是一名新来的年轻人。后来，某一天，他们中的某一位会说："哎呀，小齐，我已经彻底退啦，走不动啦。"我理解的，我们都终将老去。他们担任教学督导的那些年，其实很多已经是退了休的，秉着薪火相传的信念穿梭在三个校区的各个教学楼里的每一层每一间教室。只是，我还是有些期盼。在我热情讲授的每次课上，总还是期盼，教室的最后一排能再出现他们的身影，老母亲般的笑容，让人落汗的谆谆教诲和批评。

这十多年里，网络、信息时代的不断推进，慕课、微课堂很多新兴现代化教学手段不断推出。我也尝试着跟进、学习，最终还是有些偏执地留守在了略显古老的三尺讲台之上，固执地在每堂课带上几根粉笔。我能体会到我的教学技能又提升了，但我并不知道我的这种提升在快速翻新的现代教育技术背景下是否还能跟得上大家的节奏。我有些想念那个第一次课程教学评估的时光。

就这样，2019年，我开出了一门新课"生命科学与生物技术史观"，是一门通识课。一门理想中兼具科技知识和人文素养普及目的的课程，在追求内容包容性、技术前沿性的同时，尝试增加科技的趣味性和学科的交叉性，以期鼓励修课学生们跨越学科壁垒、摈弃职业功利而去发掘自身对未知的纯粹兴趣。当然，我知道，这种课程建设理想，对于理工类授课老师，即便是自信教学能力相对突出的我，也是一种挑战。怎么才能讲好它呢？"以评促建"？我的脑子里突然冒出了这个名词。再来一次教学评估！想想居然有些激动。

写教案、做PPT、建网络教学平台，又是一轮忙碌，又是一批严厉而热诚的督导专家，年轻了许多，但对我教学中各种细节观察的眼光一样老辣！我似乎又回到了第一次参加课程教学评估的年轻时代。课间交流时，率真如马姓、高昕老师者，不免有些疑惑地说："齐老师，你为什么没用你之前评估优秀的那个"食品机械与设备"课程来参加这次评估呢？诚实地说，你教学技能没问题，非常棒啦。但现在讲的这是门新课，又卡在科学、技术、哲学、历史的档口上，知识结构的梳理上需要再细致些；再加上，这是通识课，教学方法上和专业课也是有区别的……"

　　是啊，为什么呢？我就是为了听你们这些督导专家如此切中要害的话呀！至少有 10 年，我再没听到过如此犀利而又有建设性的意见了。

　　文字到这里，大抵得结束啦。不像散文，也不像小说。像痴迷于教学理想的教书匠凌晨的一段梦呓，没有像样的情节发展、高潮，甚至结局；像起于青蘋之末的一缕微风，不求舞于松柏，但愿，也许，能孕得几树，或杏，或桃，或李。

有关教学督导的理性与感性认识

贾　婧[*]

　　今年是我入职中国海洋大学工程学院的第 12 年,回顾教学之路,教学督导曾带给我莫大的帮助与感动。恰逢学校教学督导工作建制 20 周年,与教学督导之间的过往经时间发酵,有些话溢满而出。但对于一名普通教师,教学督导这个词确有很重的分量,深感若不先了解、学习,不敢贸然表述情感。故而本文先基于文献检索的数据,通过文献分析的方法进行分析、归纳,得出对教学督导的初步认识。随后方敢记录与教学督导之间的点点滴滴,试着去学习他们的初心,感受他们不负使命的育师情怀。

一、文献综述

　　20 世纪 90 年代末,高校的大规模招生,使得高等教育在获得发展机遇的同时,也面临一些挑战①。在该背景下,为加强教育教学质量监督,教育督导这一在初、中等教育中起重大作用的监督制度适时地进入高等教育领域,形成教学督导。② 因此本文通过百度学术检索平台,设定检索词为"教学督导",在"1999—2019 年"的检索时段内逐年检索,检索时间为"2019 年 12 月 10 日",检

　　* 贾婧,中国海洋大学工程学院工程管理教研室主任,副教授,主要研究领域为工程管理信息化。
　　① 余丽萍.关于提高高校青年教师教学质量的教学督导思考和建议.当代教育理论与实践,2019(3):147-151.
　　② 徐爱萍.高校教学督导制度的路径选择.高教发展与评估,2019(1):17-22.

索数据库包括北大核心、中国科技核心、CSSCI 索引以及 CSCD 索引;得到的论文数量统计如表 1 所示。百度学术、北大核心、中国科技核心以及 CSSCI 索引期刊数量自 1999—2019 年的逐年曲线如图 1 和图 2 所示。从表 1、图 1 和图 2 中可以看出,我国有关"教学督导"的论文数量自统计起始年逐年上升,到 2008—2016 年间到达较高点,近 3 年有所下滑。

表 1　1999—2019 年间"教学督导"相关论文数量统计表

年份	百度学术（篇）	北大核心（篇）	中国科技核心（篇）	CSSCI 索引（篇）	CSCD 索引（篇）
1999	149	13	8	2	0
2000	270	23	18	3	3
2001	346	19	19	4	0
2002	433	34	23	10	2
2003	720	69	49	15	4
2004	846	66	55	15	3
2005	1050	100	71	19	4
2006	990	84	72	22	3
2007	1310	113	81	23	2
2008	1660	132	102	28	3
2009	1900	167	135	34	6
2010	2030	171	123	35	7
2011	1860	168	119	38	3
2012	1290	115	71	24	2
2013	1800	152	113	30	6
2014	2170	183	147	40	6
2015	1590	124	98	31	1
2016	2110	178	127	42	6
2017	959	96	61	23	6
2018	593	49	29	9	1
2019	578	48	33	8	1

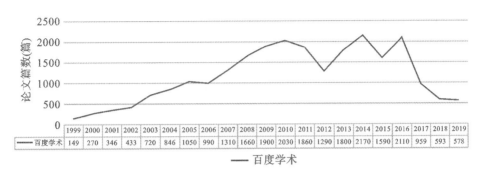

图1　百度学术"教学督导"相关论文数量逐年曲线图

	1999	2000	2001	2002	2003	2004	2005	2006	2007	2008	2009	2010	2011	2012	2013	2014	2015	2016	2017	2018	2019
百度学术	149	270	346	433	720	846	1050	990	1310	1660	1900	2030	1860	1290	1800	2170	1590	2110	959	593	578

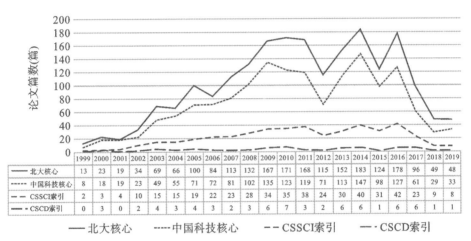

	1999	2000	2001	2002	2003	2004	2005	2006	2007	2008	2009	2010	2011	2012	2013	2014	2015	2016	2017	2018	2019
北大核心	13	23	19	34	69	66	100	84	113	132	167	171	168	115	152	183	124	178	96	49	48
中国科技核心	8	18	19	23	49	55	71	72	81	102	135	123	119	71	113	147	98	127	61	29	33
CSSCI索引	2	3	4	10	15	15	19	22	23	28	34	35	38	24	30	40	31	42	23	9	8
CSCD索引	0	3	0	2	4	3	4	3	2	3	5	6	6	1	6	6	1	6	1	1	1

图2　北大核心、中国科技核心、CSSCI索引、CSCD索引"教学督导"
相关论文数量逐年曲线图

按照布拉德福文献离散规律,大多数关键文献通常会集中发表于少数核心期刊,笔者进一步从上述论文中筛选高引论文、集中核心期刊论文,得到52篇论文进行关键词聚类分析。Citespace软件常用于科学文献分析以识别并显示科学发展趋势与动态。本文亦利用该软件导入前述52篇论文进行分析。得出的高频关键词包括:教学督导、高校、教学质量、督导工作、教学督导制度、教学管理、二级教学督导、教学质量监控体系、听课教师、青年教师等。并进一步得出关键词聚类视图以及时间线视图,如图3、图4所示。从图中可以看出,教学质量是教学督导文献的持续聚焦点,课程教学是教学督导主要关注环节,监控模式以及高校教学督导是重要的研究聚类。

图 3 基于 Citespace 的关键词聚类分析

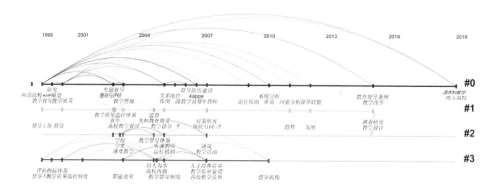

图 4 基于 Citespace 的关键词时间线分析

2017 年 9 月 21 日上午,中国海洋大学副校长李巍然在校第八届教学督导团聘任仪式上讲到,学校一直把提高人才培养质量作为教学工作的根本出发点和立足点,不断探索本科教学质量保障的新机制、新途径和新办法,其中的关键环节就是课堂教学质量和教师教学能力问题。全面涵盖了文献关键词聚类分析得出的高校教学督导、教学质量、课堂教学以及监控模式。

二、被督导的经历

海大的历届教学督导专家常年深入教学一线,帮助青年教师提高教学能力与水平,在广大教师中树立了可亲可敬的形象。这支德高望重的教授队伍,常年活跃于教学区,默默守护年轻教师的成长。在教学督导的名单中,我发现张永玲、肖鹏、侯永海、孙即霖、冯丽娟、李欣、李学伦等老师都走进过我的课堂,对我进行过细心的指导。名单里还有更多的老师指导过我,但我没来得及记下他们的姓名。

有一段日子,我记忆深刻,那时我申请基金屡战屡败,已到了传说中"报啥啥不中"的年龄,我甚至开始怀疑自己在师资队伍中的生存能力。那时,张永玲老师、肖鹏老师无意中走进了我的课堂。我到现在还清晰地记得,他们全程专注听我讲课,课后不厌其烦地为我讲解教学中的问题,从他们年迈却清澈矍铄的眼神中,我第一次近距离感受到了热情,对教学从未有过的热情。在他们的鼓励与教导下,我认识到了教师的最大意义所在,重新找到了可以发光发热、实践价值的地方。

接下来,我鼓足勇气报名参加了课程教学评估,半年里得到了26次专家的听课指导。在听课的老师中,张永玲老师是最严厉、对我提出批评最多的,因此记忆尤为深刻。张老师只要来听课,就会成为讲台下听课最认真的人,当然随后提出的问题也是最多的,我基本每次都要记满一张纸。张老师耐心讲解关于板书、PPT设计和课堂架构的每一个细节,那是第一次有人面对面系统地教导我怎么去教课。张老师也是最和蔼的,处处显露着她对授课教师最真诚的关怀;看到你的进步后,会比你还高兴,看到你教学中遇到问题,会比你还要着急。

后来,我才知道,张老师那时已是75岁高龄。再次回想起她认真的态度、敏捷的思维和矍铄的眼神,更是深感敬佩。教学评估后,我开始有勇气偶尔给张老师打电话,请教她工作和生活上的问题。张老师依然是那么耐心、热心地解答我的疑惑。每当工作上取得进步,也会忍不住向张老师汇报。在得知国家基金终于获批后,我立马给张老师打电话,她比我还要激动,鼓励我要珍惜、要努力。我对张老师始终满怀感激,教学督导带给我的教学的历练,成为我后来教学和科研发展的原动力。

张老师为海大教育奉献几十年,始终心怀学校、爱护学生。在2019年"爱如海大"校友集体婚礼上,刚刚度过50年金婚的张老师与先生刘政士老师为校友们祝词,勉励新人们感恩祖国,感恩父母,同心持家,同心共进。她不仅是我们中青年老师的督导老师,更像是我们的引路人、家人。每次看到新闻里有张老师的报道都倍受鼓舞,她的一言一行仍然持续带给大家榜样的力量。

三、总结

教学质量是高校发展的根本,教师的教学水平直接影响高校人才的培养。教学督导在高校教学管理体系中发挥了至关重要的作用。李巍然副校长曾将教学督导专家誉为海大本科教学质量的"守护神",于志刚校长更是将其称为海大本科教学质量的"定海神针"。一代代海大人秉承"教授高深学术,养成硕学宏材,应国家需要"的创校宗旨努力前行,像张永玲老师这样的教学督导老师还有很多,他们默默守护海大教学,为学校的教育教学事业发展做出了不可磨灭的贡献。

春风化雨暖人心

——与冷绍升教授搭班工作侧记

袁 斌 *

2019年秋季学期，我承揽了本科生的"统计数据与挖掘分析"课程的授课任务，按照学院的建议，新入职教课的教师原则上应搭班一名有经验的督导教师做指导。不由得想起陈宝生部长在新时代全国高等学校本科教育工作会上的讲话精神中曾指出，"高教大计，本科为本；本科不牢，地动山摇"。本科教育是研究生教育的重要基础，没有优秀的本科毕业生，研究生教育就没有高质量的毛坯和种子，就成了无源之水、无本之木，就无

法培养出优秀的高层次人才。我意识到，作为一名初出茅庐的高校教师，肩负着这样重要的使命，必须有一名教学经验更丰富、知识层次更渊博的老教师来给我带带路、护护航。于是，我毫不犹豫地报名了，也正是这样的机缘巧合，结识了与我搭班的督导老师——冷绍升教授。

一、初次相识，和蔼可亲

初见冷老师，是在我的第一堂课上。冷老师提前半小时就到了课堂，只见他安静从容、风度儒雅，坐在教室最后一排，带着笔和记录本，时不时打量着走

---

* 袁斌，中国海洋大学管理学院讲师，博士后。

进教室的同学们,仿佛招呼着每一位回家的孩子。遇上有礼貌的学生,叫一声"督导老师好",他也会频频微笑,点头致意,那和蔼可亲的模样立马让我紧张的情绪降到了零点。第一次课,我照着选课名单认识了每一位同学,而后在紧张、生涩、呆板的过程中,结束了"照本宣科"。课后,自知讲课效果的我已然做好被督导训诫的准备,然而冷教授却只冲着我笑了笑说:"别紧张,我第一次上课的时候比你还紧张,放宽心,好好准备,下周我再来。"

二、关键时刻,指点迷津

鼓励不是肆意的放纵,而是不竭的动力。在随后的教学过程中,冷老师一改初始本色,开始直击课堂教学中的各种痛点。每次课后无论多晚,冷老师总会带着我细细分析本节课的课程难度、学生的听课反应,进而给我最实时的反馈,而这一聊往往便是午后时分。记得有次说起统计分析需要很扎实的数学基础时,他不免皱眉,紧抱着双臂说道:"哎,不仅是本科生的基础有点弱,数学公式的推导我看大部分学生听着都有些吃力,而且课程内容明显跟营销脱钩。"他的忧心正道中了我的难处。见我有难状,冷老师马上转过来安慰我,"小袁啊,这不都是我们的问题,但我们一起来想办法改善改善嘛。"而后,在一次次督导中摸索交流、平流缓进,授课内容亦由单一的回归分析,延伸到基于时间序列的分仓商品预测;由抽象的统计分类,过渡到基于聚类分析的客户群识别及差异化精准营销;由复杂的数理联系,拓展到基于关联规则的超市顾客购物分析与营销管理。回首过往,冷老师那一针见血、毫不留情的督导意见起初让人胆战心惊、不寒而栗,而后细致入微、独具匠心的解决方案却又总能令人备受鼓舞、灵感迸发。

三、人文情怀,言传身教

作为提高教学质量的重要抓手,课堂互动是冷老师督导的另一重点。冷老师多年以来在海大从事的教学和科研领域是企业运营管理,听闻我硕士阶段学习的正是企业管理后,他便从企管的视角交流起师生互动的方法与技巧。过程中,他总是旁征博引、引经据典,各种社会实例信手拈来。伴随着这种人文与科学的碰撞、理性与感性的交织,起初我以灌输为主的"自说自话"式的授课逐步蜕变成互动融合的学习共同体,通过结合教学内容灵活地向学生提出针对性问题等方式,激活了学生的学习思维,也有效集中了学生的上课精力。

"我们教师就是成功者的见证人",这是冷老师私下说得最多的一句话。课程对于老师而言可能仅仅是工作,但对学生而言则可能是成功的基石。每每谈起本科教育的重要性时,他多次语重心长地跟我说:"本科教育是学生成长成才的关键阶段,是学生思想观念、价值取向、精神风貌的成型期,要教育引导他们铸就理想信念、锤炼高尚品格,扣好人生的第一粒扣子,打牢成长发展的基础。这一阶段,也是学生知识架构、基础能力的形成期,要教育引导他们夯实知识基础,了解学科前沿,接触社会实际,接受专业训练,练就独立工作能力,成为具有社会责任感、创新精神和实践能力的高级专门人才,为学生成才、立业奠定立身之本。"因此,面对大数据时代,课程未来也应该通过人工智能进行大数据分析,让学生初步掌握客户画像、预测销量等营销管理技能。

令公桃李满天下,何用堂前更种花。其实,本不必用我在此多语冷老师一心督学的温暖事迹,"课程育人模范"的称号足以。只是初为人师,幸遇冷督导,心有所感。

春风化雨之后的脱胎换骨

——记接受教学督导秦延红老师指导的美好时光

刘 磊*

2019 年秋季学期,我承担了本科生全校通识课"当代中国外交史概论",在本课程的教学实践中,我接受了学校教学督导专家秦延红老师的一对一督导和帮助。这一个学期的交流与学习给我的本科教学意识、方法和技巧带来无法衡量的提升,用受益匪浅这样的词汇已不足以表述这种收获的价值。我准备从接受秦老师指导以及自身本科教学实践这两个角度来总结和汇报一下我的收获与感受。

秦老师之前就是我所在的政治学系的老领导和同事,更是和蔼可亲的良师益友,在工作期间就曾给予我无微不至的关怀和帮助,在她退休并转任学校教学督导专家以后也持续关注着我的教学工作乃至生活。这个学期初,她主动提出对我一对一帮扶指导,这对我来说是天赐之福,荣幸之至。秦老师生于书香门第,长于知识之家,人生阅历又十分丰富,因此让人感觉她具备多种气质,与之相处令人心旷神怡,如沐春风。她不仅具备江南女子的婉约与柔美、知识女性的聪慧和淡雅,还具有领导者的大气和稳重,更有资深教育工作者的认真负责与细致入微,最后还有长者的慈爱与温暖。以上的特点和感觉体现在我们每

* 刘磊,中国海洋大学国际事务与公共管理学院政治学系副教授。

一次的相处与交流中。

这个学期，秦老师总计听了我三次课四课时，每次听课之后跟我交流指导30～60分钟。忙碌的秦老师每次都能很认真、细心和耐心地听我讲课，课后不辞辛劳地谆谆教诲，但又不给人居高临下的压迫感，更像是长辈与晚辈间自然而亲切的对话，令人舒适地学到教学方面的技能和知识。秦老师对我讲课的评价非常有针对性，精准而细致，还带有实用性和舒适性。她首先非常肯定我授课中的一些优点，然后适时地指出我的缺点以及改进的方向及办法。比如，我讲课的仪态与精气神方面有需要重塑的地方；语言连贯性的问题，特别是讲述中途饮水的不当之处，一句话或一段内容没说完去喝水，影响了授课的流畅性；PPT展示方面的技术缺陷；与学生互动的不足还有提问题的明确性不够等问题。这里面既有细微缺点，也有原则性问题，都需要改正或提升。秦老师春风化雨般的指导之后，自我反思之下我经常会有一种恍然大悟然后深以为然的醍醐灌顶之感。以前自己身在其中，并无察觉，所谓当局者迷，而一个如秦老师般睿智的旁观者及时给我指出，令我感觉豁然开朗。

根据秦老师提出的中肯的改进意见和完善建议，我在后面的备课与上课环节都进行了有针对性的改进和提升。比如现场去听一下优秀授课教师的课程，吸取经验；向非常善于制作PPT的同事虚心求教制作方法，根据课程内容精简文字、增加辅助性图片等，不断将其丰富化与合理化；彻底改掉课堂讲述中饮水的习惯避免影响讲述的连贯；上课之前调整状态，打起精气神，以饱满的精神与干劲来授课；提前准备好有针对性的问题，在合适的时间与学生讨论和互动……以上努力都取得了不小的成效，我的课堂教学实践得到有效完善，学生反应良好，效果明显。当然，从程度上和细节上，还存在继续提升的空间，我将不忘初心，持续努力，精益求精。

此外，经过这次教学实践与督导帮扶经历，我对本科教学有了更多、更深的认识。

第一，作为教师，要教好一门课，首先要同时具备充足的专业知识和认真的态度、饱满的精神、充足的干劲，否则仅有丰富的知识也无法有效传授给学生。这些都是前提，有了态度和精神才能支撑和引导自己去相应地认真备课和讲课，具体包括课程的构思、专业知识的获取、课件的制作、课堂讲述以及与学生的互动等。

第二，在态度和精神的基础上，要从广度和深度上来持续钻研课程知识，这需要授课教师本身的科研能力和工作要保持不断进步，根据学术发展而实时更新知识储备，有了自己的学识和见解才能传授给学生，而且我感觉教师向学生展示自己的科研成果时，教学的劲头反而会更充足，也就是说教学内容要扎实而丰富，方能出口成章、滔滔不绝。

第三，确保内容质量之后，要进一步重视形式，也就是说教学形式同样重要。打造一种丰富而不凌乱的教学形式，会更有助于把教师的思想、知识传授给学生，保证教学效果。具体来说，比如保持良好而中规中矩的讲课仪态，避免不适当的小动作，及时掌握现代教学技术，课件制作与展示要图文并茂、有层次、有节奏，时刻吸引学生的注意力、增强其兴趣；有效设计、穿插与学生互动的环节，让学生有一定程度的参与。

第四，尊重学生的知识基础与主观能动性。虽然大学教师的学问肯定远高于本科学生，但不能过于以居高临下的观感来看待青涩的青年学生，他们未必就是一张白纸任你描画，或者认为他们只能被动接受。某些相应课程总会有特别感兴趣的一些学生热爱这个主题，甚至具备相当不错的知识基础。以我讲的这门课为例，选修的学生来自文、理、工多学科背景，都是非政治学本专业学生，但很多人对"当代中国外交"就很感兴趣，很多人都能在某些话题上与老师对话或者提出一些比较专业的问题。老师的引导和肯定会进一步提升其学习兴趣，调动其积极性，达到通识教育的目的。

第五，上课还需要把握好正确的立场，注重对学生价值观与世界观的正确塑造和引导。某门课程知识本身的传授是一个方面，青年学生的爱国主义情怀与社会主义核心价值观、理性思维与辩证思维、独立人格与博爱品性的培养也是另外一个方面。这些要素都要自然地体现在教学过程中，无须刻意，潜移默化、顺其自然为好。大学教育是精英教育，更是爱的教育。人人心中有爱，那么社会、国家乃至世界都会充满爱。

总之，基于以上教学实践及与督导交流的经历，本人对本科教学的体会和感受可以归纳为几个关键词，那就是：态度、内容、形式、细节、爱与尊重。最后再次向秦延红老师表达我的敬意与感谢，同时也感谢学校教学督导机制为学校本科教学和教师发展、学生进步所做的努力与贡献。

教学小记:督导篇

颜丽媛 *

教学作为一个词组,指的是教师传授给学生知识、技能。若是将教学拆分为教与学,那么教师可以做学生、学生亦可以当老师,此所谓教学相长。作为大学教师就是要一直保持求学的状态,兼顾教学与研究,随时准备在教师与学生两种身份之间转换。由我校荣休教师组成的督导小组为入职不久的大学教师迅速从单一的学生身份成长为优秀的大学教师与科研工作者提供了很大的帮助。作为本校入职不久的一名青年教师,非常荣幸能够采用非论文的形式从课前、课上以及课后三个阶段,记录一下法学院荣休教师肖鹏老师对于我的谆嘱、监督以及指导。

一、课前的问询:爱岗敬业

肖老师第一次打电话询问上课的时间、地点,确认教室是在五楼的时候,他缓了缓才说自己由于身体原因不能够上太高的楼梯。于是我告诉他,从教学楼另一个方向绕过去就可以直接从四楼的入口上到五楼。交流很简短,但我可以感受到肖老师的淡定与从容。回头静下心来想一想,肖老师其实在帮助我认识到,要保持敬业的精神、清醒的头脑、良好的心态,同时,他对于我们这些后辈也有着十分的尊重,这也让我大为感动。由于我来校时间短,而肖老师又早已退

* 颜丽媛,中国海洋大学法学院讲师。

休,一直没有见过,但我是在学院里听其他老师谈起过他的,简短的交流中,我能感受到他的和蔼和亲切,我内心笃定肖老师一定是位平和睿智的长者,也是我们青年教师学习的榜样。

二、课上的监督:教研相辅

第一次见面,肖老师笑眯眯地迎上来与我打招呼,态度谦和,目光和善,两三句的寒暄鼓励就消除了我上新课时的紧张忐忑。课间交流,肖老师耐心询问我关于课程的整体设计、以往的相关研究及积累情况。这再次提醒我,前期的研究积累对于教学的重要性。本学期讲授的"中国法律思想史",恰恰是我以往关注,也正在深入思考研究的领域,将中国法律的思想史与制度史结合,而不是像之前将二者彼此隔绝,这也是目前中国法律史研究的一个大趋势。正是因为肖老师在第一次见面时的提点,启发督促我在整个学期在做好课程讲授的同时积极搜集整理相关材料,寻找和思考新的学术研究切入点。

三、课后的指导:师生互动

教师能够将自己的研究与讲授内容结合在一起,其实是一件既幸运且幸福的事情,而作为青年教师在课堂讲授中能够得到前辈的指导则更是可遇不可求的事情。肖老师给我最重要的一项指导就是要重视授课效果,要发挥学生的主观能动性,形成良好的师生互动。课堂的主体是学生,教师是知识与学生之间的媒介,一定要激发学生的参与,调动学生学习的积极性与主动性。而为了扮演好传输知识的媒介角色,教师要做大量的工作,需要具备"俯首甘为孺子牛"的精神。

本学期肖老师的督导不仅让我的一些教学环节得到了优化,同时也使我进一步加深了对教师职业的理解,作为大学教师在遵守基本的职业规范与职业伦理的前提下,保持谦卑的姿态、正直的品格,即便面对的是学生也不要做领袖、做先知,而是敬畏自然、尊重科学、崇尚学术,教授学生阅读书籍的方法、培养学生独立思考及刻苦钻研的能力,才算得上是真正做好了教书育人的工作。

在督导过程中学习、成长

张生瑞*

一、聆听督导专家教诲、指导

2019 年 9 月，在学校统一安排下，我有幸参加了青年教师"一对一督导"工作，由冷绍升教授担任我的督导教师，对我所承担的课程"旅游学概论"给予了全程指导。督导的内容主要包括教学内容与教学方法两部分。整个督导过程分为以下四个阶段。

第一次听课时，冷老师即指出我的讲解没有反映课程主线与其他内容之间的内在联系，造成教学目标不明确，功能定位不准确，与相关前修、后置课程衔接不合理。反思其原因主要是我对"旅游学概论"课程的理解和认识还停留在教材层面，没有形成系统完整的知识脉络和宏观的知识架构。为此，冷老师与我沟通了近 1 个小时，明确了一对一督导的方向，即从根本上调整思路，重新备课，构建系统的课程内容，并布置了第二次听课前需要做的工作。

第二次听课时，冷老师肯定了我将"旅游学课程"主线与分支之间建立联系的努力，但同时也指出当前对"旅游学概论"课程主线与分支之间的内在联系途径不清楚，因而建立的联系依然停留在表面。经过再次长时间的商讨，冷老师帮我进一步明确了课程内容改进框架和细节。

* 张生瑞，中国海洋大学管理学院博士后，讲师，主要研究领域为旅游资源开发与管理。

第三次听课时,冷老师认为我的授课已经步入"正途",基本开始按照合理的"旅游学概论"课程主线与分支之间的内在联系途径进行,特别是通过旅游商品和旅游资源结构将旅游自然与人文景观这一主线与分支部分结合起来,但同时仍然存在教和学的联系不够、对学生引导不够的问题。经过三轮的督导听课指导,我对课程内容进行了整体改进,自我感觉教学目标逐渐明确,功能定位逐渐准确,与相关前修、后置课程衔接逐步合理,教学也愈发有信心。

第四次听课时,我梳理出本门专业基础课与其他专业课之间的内在联系图,通过旅游现象与社会环境关系建立主线课程与"旅游美学与景观鉴赏""旅游法学""生态旅游"分支课程联系;通过旅游消费与旅游供给关系建立主线课程与"旅游经济学""旅游消费者行为学""饭店前厅与客房""餐饮经营与管理""旅游市场营销"等课程的联系;通过旅游现象与文化环境的关系建立主线课程与"旅游文化学""休闲学"等课程的联系;通过旅游现象的空间结构与区域差异建立主线课程与"景观规划设计""旅游规划与开发""旅游地理学""旅游目的地管理"等课程的联系(图1)。这些都可为系统的内容建设打下坚实的基础。在课后,又经过1小时沟通,冷老师与我逐条分析大纲中可以补充完善之处,制订了3年和5年教案内容修改计划,使得我的授课可以从更多细节之处得到不断完善。

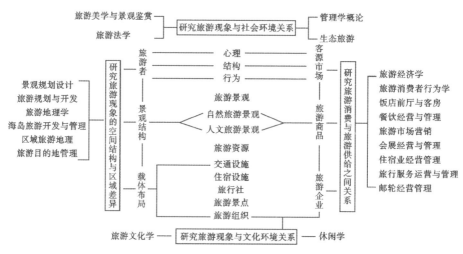

图1 "旅游学概论"与其他专业课程之间的关系
(中国海洋大学旅游学系本科课程体系)

因为是入职后承担的第一门专业基础课,在接受督导之前我在教学内容与教学方法方面的确有些困难,比如在教学内容方面,总是有种想要讲的内容很多但又不知从何说起的感觉;虽然经过了长时间的备课,但在教学过程中仍会时常觉得紧张;在与学生互动方面,描述现象不够生动、语言苍白,不能很好地调动学生的积极性。关于这些问题,冷老师在督导过程中及时指出并给出了很好的解决方法,确实受益匪浅,后面的讲课也越来越自信、越来越生动。

对于学校督导制度与冷老师的无私帮助充满感激,借此机会表达感谢。

二、对学校教学督导工作的相关建议

为了使教学督导工作对提升高校青年教师教学能力发展更具有实效性,作为督导教学的亲历者,通过凝练总结此次督导学习的经验,对于后续督导教学提供几点建议。

(1)实现青年教师课程教学过程的全程覆盖。从教师职业生涯发展周期分析,青年教师处于教师职业生涯发展的"适应期",这一阶段对于青年教师教学风格的形成,甚至对其整个教师职业生涯发展具有重要的奠基意义。教学督导工作,特别是一对一的帮助指导,对于青年教师提升教学能力、促进其教师专业发展,从而达到提高教学质量和水平是非常有帮助、有价值、有意义的,因此建议青年教师,特别是首次授课的教师积极主动地寻求督导专家的帮助指导,同时也期望这种督导能够对我们的课程教学实现全程覆盖。

(2)根据教师教学发展的阶段性特征,实施分层、分类的教学督导。教师专业成长的周期与发展阶段表明,不同专业发展阶段的教师教学表征不同,应基于不同阶段教师的教学表征与教学发展需求实施分层教学督导。分层教学督导是指不同发展阶段的教师其所适用的教学督导理念、教学督导内容、教学督导标准与教学督导的实施路径等都不同。基于此,教学督导应充分考虑各位青年教师的教学特点,对青年教师的教学督导应贯彻"面向对象指导"的督导理念,重在发挥教学督导的引领与导向功能。

(3)丰富督导工作的方式和内容。要清楚认识并处理好"督"和"导"的关系,不仅要"督"更要重"导",如果只"督"不"导",问题就难以从根本上解决。实践证明,只有边"督"边"导"相结合,才会收到预期效果。在督导工作方式上应该采用常规工作与专题调研相结合,除了做好常规工作听、评课外,多开展专题调研,如毕业生论文设计质量调研、教学大纲执行情况调研、翻转课堂教学情况、学生外出见习情况调研等,事后将发现的问题及时反馈给院系,并提出改进建议。主动加强与院系的联系,正确处理二者之间的关系。另外,还要与科学督管有机结合,因为督管也是规范教学活动的重要保证,我们只有形成教育合力,才有利于提高督导工作的效率。

(4)根据在线教学的特点,推动督导制度不断创新。如今,学校内开设的在线开放课程越来越多,"以学生为中心"的翻转式、混合式教学,对分课堂等正在形成课堂教学的新常态。在线上课与传统课堂上课相比,对教师的教学能力要求更为严格,亟须创新教学督导模式。在线督导专家巡查的内容主要包括:教师提供的学习内容与要求、教学视频或其他在线教学资源、电子课件、辅助教学资料等,在线讨论记录、在线测试记录、网络答疑记录、课堂纪律和学习过程评价标准等情况。另外,巡查内容可依据不同的教学平台进行调整。

教学指导心得

曹　娜 *　■

在 2019 年至 2020 年秋季学期,我有幸接受朱萍教授对我进行的一对一教学指导。本人虽有 16 年的教学经验,但与朱萍教授长年的教学实践相比仍是有许多欠缺的。朱萍教授的资历、阅历和深厚的教学经验使其对于教学有着更加深刻的认识和更加独到的见解。这一学期中,朱萍教授对于我的教学进行了评价和指导,在认可我的教学、给予我鼓励的同时,也对我的教学进行了指导,提出了建议,为我日后在教学方面的发展指明了方向。

在本学期的教学指导中,朱萍教授主要从如何正确看待教学中教师与学生的关系、如何激发学生学习兴趣使学生更积极地参与到教学活动中、如何利用身边资源促进教学、如何帮助学生养成锻炼习惯、如何不断提升自我教学能力几方面对我进行了指导。

首先,朱萍教授强调了教学相长的重要性,它是教学工作能否进行顺利,教学工作是否能够有质量完成的重要影响因素。这使我更加重视教学工作中教与学的关系,更加深刻地认识到教学中的教与学,两者是相互联系,不可分割的,有教者就必然有学者,而学生是被教的主体。因此,了解和分析学生情况,有针对性地教,对教学成功与否至关重要。我从最初不了解学生对教学的重要性,到现在认识到作为高校的教师,要有针对性地把理论知识与实践知识相结合应用于日常教学活动当中。也逐渐能够在教学过程中,根据学生的特点采取

---

　*　曹娜,中国海洋大学基础教学中心体育系讲师。

不同的教学方法,各种教学方法的综合运用使课堂更生动有趣,能够把学生吸引到课堂上来,通过深入浅出的教学方式,让学生对课程更有兴趣,使学生真正能够学到专业知识与技能,达到教学要求。

其次,朱萍教授提出学生的学习动机是影响学习效果的重要因素,要在课程中激发学生学习兴趣使学生更积极地参与到教学活动中。

游泳运动是一种凭借自身肢体动作和水的作用力在水中玩耍或前进的运动,可以培养勇敢机智、顽强拼搏、团结协作的优良品德。因此,我在备课过程中,增加了水中趣味游戏,调动学生的神经兴奋程度,让学生在团队游戏中体会到协作互助的教学理念,增加凝聚力。在技术训练的过程中重点设计了多组协作的练习项目,最大限度地调动了学生们的练习积极性。在课程设计过程中通过学习大学生游泳协会诸位教师的教学理念和练习手段,再结合自己多年积累的游泳教学经验,在课堂上每个练习项目都设计1~2种练习方法,避免了练习的枯燥性,让学生们每节课都有新鲜感,在多样的练习手段中使学生的练习效果最大化。

其三,朱萍教授指出要提高教学效果就要充分利用周边资源,为教学工作进行服务。

因此,我充分利用了我校运动训练游泳队的资源,让运动员录制教学视频,发到微信群里,使学生们可以直观地看到课程内容,并提前学习正确的技术动作,这种方式起到了很好的预习作用。

其四,朱萍教授认为大学体育课的主要作用除了教会大家技能之外,最重要的一点就是培养学生终生体育的习惯。

因此,在本学期我在微信群内要求学生每周完成一次视频打卡,主要目的是监控学生的锻炼强度,以及对锻炼动作的质量进行纠正。希望通过这样的方法,能让学生养成锻炼习惯,即使不上体育课,大家也能自觉锻炼。

最后,朱萍教授强调"九层之台,起于垒土",不可忽视教学基础工作。

教案的撰写、教学的安排这些看似最为基本、最为简单的环节,反而更能体现一名教师的教学能力。今后,我将会更加注重教学的基础环节,课前认真准备教案,注重研究教学方法及手段,认真备课和教学,积极观摩其他优秀教师的课程,从中吸取教学经验,取长补短,提高自己教学的业务水平。课上力求做到每节课都以最佳的精神状态,以轻松、认真的形象去面对学生,让学生在良好的课堂氛围中学到相关的专业知识以及技能。

　　非常有幸能够接受一位老教师的督导、指导，这不仅让我在具体业务上得到成长，也让我更好地认识什么是体育，什么是体育精神。作为一名体育教师，在每堂课中保持高昂的精神，保质、保量地完成课程内容，不仅是带领学生们在体育课上学习技能，还要给学生传递乐观、积极、努力、永不放弃的体育精神；在上课过程中发现问题、解决问题，将课程质量精益求精，这件事本身就是一种坚持的力量。将每一堂课都上好求精，这将是我在今后的上课过程中始终秉承的理念。

　　虽然我教龄年份很长，但在教学方面还存在诸多不足，在教学方面也走了不少弯路，还有许多方面需要在以后的教学过程中逐步完善，我期望能够在经验丰富的老教师们的帮助下取得更大的进步！

第五部分

PART FIVE

见证、参与、认识与思考

——我所经历的海大督导

马 勇*

我校教学督导工作走过了 20 年历程，20 年弹指一挥间，其鲜明的特色、积累的经验与凸显的模式清晰可见，已标识、铭刻在海大高水平特色大学建设的丰碑上。我在高等教育研究与评估中心的工作一晃也近20 年，20 年来与同事们一道工作，见证、参与了教学督导的具体工作，在回顾与纪念我校教学督导工作 20 周年之际，内心有许多思考与感想。

一、见证与反思

从时间上讲，我是 2001 年 9 月到高教研究室（现高等教育研究与评估中心）工作的，至今已有 19 年，尽管同 20 年的督导历程相比少了近一年，但我认为仍可以用见证这个字眼。现在回顾过去也含有反思的成分在内。

我校"教学督导"制实施前实行的是"教学督察员"制。2000 年 12 月，海大的"教学督察员"制度正式实施（见海大高教字〔2000〕166 号《关于实施"教学督察员"制度的决定》），它突出强调了对教学的"督察""监督"与管理，正如该文件指出，"为了加强对教学质量的宏观监控，严格教学秩序的管理，切实提高教学质量"，决定实施这一制度。这与当时国内高校流行的全面质量管理的思想相

＊ 马勇，中国海洋大学高等教育研究与评估中心副主任，2002 年任现职至今。

适应,也与持续保障我校本科教育教学的高质量,特别是维护"学在海大"的美誉相契合。从 2000 年至 2004 年"教学督察员"制实行期间,学校先后聘任了两届"教学督察员"队伍,并聘任汪人俊教授担任"召集人",其他 11 位教授(第一届)、14 位(第二届)教授皆为成员。学校同时设立教学督察办公室,隶属高教研究室,为全体教学督察员提供联络、协调等具体服务工作。至此,我校教学督察的指导思想、制度体系、组织结构、运行机制都已建立起来,为下一步教学督导制的完善与优化打下坚实的基础。

经过四年多的实践运行和经验积累,2005 年 3 月,学校改"教学督察员"制为"教学督导制"(见海大高教字〔2005〕7 号《关于实施"教学督导制"的决定》),一字之差,充分反映了学校教学督导工作指导思想、工作重心、工作方式的转变。对此,在文件中亦有具体说明,即"为了健全完善我校内部教学质量保障体系,切实加强对教学质量的宏观监测与指导"而建立,以进一步遵循高等教育的规律办学,充分把握教学的学术性规律。现在想来,我个人认为,这一改革顺应了当时国家在大学连续多年扩招、规模迅速扩大的背景下对大学本科教学质量整体提升的要求,再一个是为了适应教育部已启动的"高等学校本科教学工作水平评估"事项与硬性规定,更重要的一点是考虑我校要遵循高等教育的规律来办学,要充分把握教学的学术性规律,因此,督察变为了督导。由此也决定了督导工作重心的调整与工作方式的转变,简言之,就是淡化了刚性"管理""监督"的成分,强化了督导与教师、学生之间柔性的"交流""引导"功能。这也带来了工作方式的变化,如督导听课后与课任教师交流的时间、范围大大增加与扩大,有课下即时的反馈与交流,也有课后电话、邮件交流与后来兴起的微信交流等。总起来看,督导与教师之间这种课后"一对一"的交流方式与产生的效果使督导工作更加深入人心、深受欢迎。

给我印象至深的是督导工作的针对性、科学性强,如每一位督导都被相应分配到各院系,负责本院系的教学督导,主因是督导来自该院系,熟悉并能把握本院系学科专业的特点与规律,这样学校面上的教学督导就能覆盖到各院系。当然督导工作区域与院系的划分仅是相对的,工作过程中跨院系面上合作也大量存在,如每一学期都有分组合作的教学专题调研等。这一良好的针对性强的做法一直延续到现在。

二、参与与回顾

记得在 2004 年时我给王洪欣主任提议,鉴于当时"高教研究室"的单位名称不能涵盖本单位承担的各项工作职能,如高教研究、课程评估、教学督导、期刊月报编辑等,经多次商议,提出了单位需更换的名称——高等教育研究与评估中心,尔后我写了更名论证报告给当年分管本科教学的于志刚副校长,再后经校长办公后审议通过。新的单位名称有了更大的适应性与包容度,并与我校本科教学质量保障体系建设相适应,使各项工作的广度、深度都能得到进一步拓展,工作的逻辑与机理得到进一步的顺延与畅通。

因为种种原因,我曾经几个学期主持负责组织、协调过教学督导工作,完整经历了督导工作全过程。现在想来,各位督导睿智、矍铄、矫健地穿行于各教学楼中的步履与身影不时地呈现在我眼前,这是我校教学楼里一道别样的风景,让人看到、感受到我校教学场所与活动的厚实与踏实有力;他们在教室外与青年教师倾心交谈、悉心指导的音容笑貌都将永远定格在教学楼的长廊间,飘扬在其他教学时空中;他们在教学督导会议上发出的真知灼见不时地鞭策和催进海大的教学改革。督导们在各学科专业从事教学与科研工作几十年,刚刚荣休又转身利用其丰富的教学经历与经验,投入到教学保障的事业中,令人钦佩!我记得王薇教授每学期能听课 70 多节,此外还兼任我校实验教学调研组组长,期末写出长达 2 万字的调研报告提交给学校。此类范例,不胜枚举。与此相比,学校当时的督导工作补贴是十分微薄的,与他们的付出不成比例,这也恰恰反衬出督导的无私奉献和精神的伟大。

2006 年底,为了迎接 2007 年教育部对我校的本科教学水平评估,此时需要对我校的本科教学质量保障体系给以全面的总结、梳理与概析。故我参与了《质量之本 孜孜以求——中国海洋大学教学评估与督导回顾与展望》一书的主编工作。该书一经出版,便向国内发行,也摆放在来校参加水平评估的专家们案前。我校课程评估与教学督导工作成为我校本科教学的一个亮点,吸引了两组评估专家交替来考察与交流,评估组组长、时任哈尔滨工程大学校长刘志刚在评估结束后,又派其校人事处、教务处、高教所干部到校学习与研讨我校教学评估与督导工作的经验与模式。

2007 年,在时任副校长于志刚教授的力促与主导下,我校在国内率先成立了"教学支持中心",这样,加上原来运行 20 多年的课程评估与 7 年的教学督导制度,我校"评估—督导—支持"三位一体的教学质量保障体系已初步建立,这奠定了体系化改革与整合的基础。2008 年,我参与总结了我校教学质量保障体系化、集成化的运作模式与成效,参与申报的《创建"评估—督导—支持"三位一体的教学质量保障新模式的探索》的成果,获 2009 年国家级教学成果二等奖,山东省一等奖。这充分证明了我校课程评估、教学督导、教学支持等三项工作得到了国家承认,并给以至高的成绩和荣誉认定,同时我也见证了我校"评估—督导—支持"三位一体教学质量保障体系建设的新高度。

三、思考与前瞻

冷静地思考我校教学督导工作,仍有几点建议供参考。

第一,继续保持其"共轭"性。

尽管我校课程评估、教学督导与教学支持的系统集成已显现出良好的效果,但仍要通过科学细致的改革,进一步发挥出教学督导独有的作用和在系统中独到的共轭效应。目前督导专家在完成其规定的工作之外,较好参与了课程评估工作,但参与教学支持方面的工作较少,如果从系统整合的角度看,应根据督导专家的实际情况,在力所能及的前提下,尽可能协调组织督导参与多层面、多类型的教学支持活动。一个总的原则是课程评估、教学督导与教学支持三个平行面上的专家形成一个环形的流动面,至少应有多个交叉面。

第二,保持其独立性。

我校教学督导团自成立之初,没有隶属于任何一个部处管理部门,仅在高教研究与评估中心这一业务部门设一办公室进行工作的联系与协调,由直属主管校长领导,这一管理与运行机制带有鲜明的组织"扁平化"特征,也凸显了其独立性。这符合现代大学治理的基本规律和要求,彰显了我校督导制度的优越性与先进性。

相对独立地开展工作保障了督导各项工作职能的履行,加强了多主体间的互动与交流,如督导专家主体与任课教师主体、教学管理主体、学生主体、后勤保障主体等主体的互动,从而较好地发挥出督教、督学、督管与导教、导学、导管的作用,特别是后者的作用更为明显。因此,未来的教学督导工作仍需秉承这一传统和优势,使督导组织"扁平化"的独立性特征愈加鲜明。

第三,弘扬其学术性。

回顾20年的督导发展历程,可以认为,我校始终把它定位为从事教学学术活动的学术组织,浓缩了学术自治、学术自由、教授治学等大学精神的精髓,大学的优良传统与精神在这里得到了很好地延续与传承。从工作目标与重心看,"督"为基础,"导"为中心,促进教师教学学术能力提升;从工作内容看,课程、专业等都是客体,是督导与教师共同探究的客体,其中既有教"理"、学"理"的探讨,又有教"术"应用之道的交流与引导;从工作方式看,外显出来的都是学术探讨之样式。20年来,这种几无外界干扰的教学督导活动,保持了学术活动的独立性、学术性与批判性,从而赢得了良好的学术声誉。

学术性是我校教学督导组织的安身立命之本,只有力排外界干扰,精心培育它,小心呵护它,才能促其生生不息和成长壮大,才能在今后的督导工作中取得更大的成绩。

第四,保持其发展性。

我校的教育教学事业永远与历史相连,并通向未来;教学督导工作也需站在新的起点上继往开来。

教学督导过去20年的历程就是一个不断改革、优化和发展的过程,显示出较为充分的变革与发展性。没有发展与变革的思想和动力,就没有由"教学督察制"到"教学督导制"质的改变;没有督导工作目标即"始终是促进教师教学能力提高与发展,进而全面提高教学质量"的确认,就没有教学督导专家在课前课后、课上课下任一教学时空里与教师的倾心长谈、指点迷津与点拨引导,20年来教学督导辛勤的工作换来多少位教师教学能力的提高,实在是难以计量。

因此,继往开来的教学督导事业仍需秉持这一工作目标,不断施以模式、内容、形式、方法的创新,永葆其发展活力。

师者之师

季岸先 *

2020 年,学校实行教学督导制度就 20 年了,时光飞逝,甚是感慨。

自 2010 年 3 月到高教研究与评估中心工作,我一直分管负责教学督导方面的一些日常服务管理工作,直到 2018 年底离开,八九年的时间,也是这样一晃就过去了。"一枝一叶总关情",这里留下了太多美好的记忆。

历年来,在草拟教学督导工作会议纪要的时候,常顺老师和我,总是先谈这项工作是在主管领导的指导下,在相关部门的支持下,在教学督导的努力下,在同事们的配合下,顺利完成了各个学期的日常督导和专项督导工作任务。这么几个"下",看起来是套话,仔细想想,还真不是套话、空话,而是大实话。一项工作,要想做好,还真离不开这么几"下",就得靠大家一道,彼此分工负责,各司其职,上下齐心,大家都把自己份内的"那一下"做好,整个事情也就办成了。

每个学期,我们都要召开教学督导工作的启动会和总结会。作为主管领导,李巍然副校长几乎每场都参加,自始至终认真听取督导专家们的意见与建议。在我的印象中,也就是那么十分罕见的一两次,由于极其特殊的情况,比如,组织上安排到北京去学习等,实在脱不开身,李巍然副校长没能参加督导

---

* 季岸先,中国海洋大学档案馆馆长,2010—2019 年担任高等教育研究与评估中心副主任。

会。一次，我大晚上接到李巍然副校长的电话，他说，今天在外地出差，原本订好了最后一班航班赶回青岛，参加明天的教学督导会议，可惜，航班现在取消了。明天，我乘最早的航班，争取准时，或稍微晚一点，赶回来参加上午的会。第二天，会议刚开始不久，就看到李巍然副校长风尘仆仆，拖着行李箱，家没回，办公室也没回，直接赶到了会场。尽管分管的部门较多，事务繁重，李巍然副校长一直把教学督导工作看得很重。每次会后，李巍然副校长总是叮嘱我们，尽快以督导简报和督导纪要的形式，及早将督导专家们的意见建议反馈给相关部门，要从提出问题、发现问题，到解决问题，形成工作的闭环。这些年，经督导专家们的辛苦工作，学校教学方法不断创新，教学手段及时改进，教学环境日臻完善，这与李巍然副校长给予的重视是分不开的，当然更离不开相关职能部门各级领导的积极跟进，大力支持。

这八九年时间里，我先后经历了第五、第六、第七、第八届教学督导团的换届组建。每次组建新一届教学督导团，其中每一位新任教学督导的人选，都经过了各级领导严格、审慎地筛选和考量。今天，我从电脑中再次调出这些历史文档，一串串名单出现在眼前：徐定藩、李春柱、黄晓圣、周发琇、谢式楠、郑家声、李凤岐、王薇、李静、徐玉琳、赵茂祥、张兆琪、冯启民、杨作升、张永玲、李学伦、周继圣……这还仅仅是已经从督导岗位退下来了的老先生们。这么多位响当当的教授汇聚在一起，大家一道来做学校的教学质量保障工作，非常了不起！

20年来，这一批批师德高尚、人品高贵、学识高深、教学高超的老先生退休后，又连续多年担任教学督导，常年深入课堂，深入教学一线，通过"一对一"的现场交流与"手把手"的传帮带，教诲、督促和引导、指导了一大批青年教师，使之成长为教育、教学的骨干力量，成为教书育人的专家、行家，甚至是高等教育的名师、名家。在我的心中，这些督导专家，可以说是老师的老师，是"教师之师"，是当之无愧的"师者之师"。

督导专家们工作起来，真的是十分投入、十分细致。一般情况下，这些督导专家是自行随机随堂听课，下课后，及时与任课教师当场交流，当场反馈。或者，互留联系方式，利用晚上或者周末的时间，与任课教师充分深入地交流谈论。有时候，几位督导专家又相约一起，对上课反应好的课程，或者上课反应很差的课程，进行集中听课、会诊，分享优秀的教学经验，或者提出改进的意见和建议。还有一些时候，针对任课教师的跨专业领域讲授的一些教学方面的问题,教学督导们也会互相通气,邀请相关学科背景的督导们共同听课、诊断,实事求是,一切以服务教师教学为目的。比如,有一次,针对年轻教师开设的"生物统计"课程,一位擅长生物学的督导专家听课后,感到可能有些问题,就特意邀请数学方面的督导专家去一道听课。再如,曾有一门体育课程,也曾涉及数学统计,还涉及物理运动规律等,也是好几位专家一道去听课,集中会诊。印象中,还有一位教师,教学各方面表现都非常优秀,可惜的是,因为先天原因,口齿有些不十分利索,有时候发音不太清晰,我们还特意约请到擅长语言表达的周继圣教授,与他进行"一对一"的诊断与交流,给他指导和帮助。类似的事情很多,不胜枚举。点一点这些细节,主要是想表达一点,我们的教学督导们,是真心为了青年教师好,为了帮助他们尽快成长成才,想了很多办法,费了很多心思,使出了浑身解数,取得了有目共睹的成绩。

记得郑家声老先生曾说过,我们这些教学督导,就像一只只教学上的"蜜蜂",今天到这里听课,发现一个教学上的好办法,明天又到那里去听课,又看到了一个教学上的好主意,然后就一点一滴地传授给很多任课教师,让大家互相学习,互相借鉴,互相观摩,互相促进。古人讲:"如切如磋,如琢如磨。"切了还要磋,琢了还要磨。教学也是这样,"相观而善之谓摩"。我们感到,郑先生这个"蜜蜂"的比喻,非常好,很生动,很形象。这些年来,我们一直组织开展"自主教学观摩"和"集体教学观摩",在督导专家的引导下,带动一批年轻教师,一起学习观摩优质课程,然后一起对课程教学进行分析、评点,共同学习提高,收到了很好的效果。

在督导会上,张永玲老师曾多次笑着说,我们不是"克格勃"。意思是,我们不是一帮故意找茬的"老头儿""老太太",我们只是希望帮助教学上有不足的青年教师尽快改正自己,快速成长起来。对于那些教学上的好苗子,当然是希望他们好上加好,优中更优。由此,督导专家们每次不免会提出这样或那样的意见与建议。我相信,在进行"一对一"诊断、交流与指导的过程中,我们督导专家说话,很多时候都是想了又想,品了又品的。但在个别年轻教师听来,还是不一定中听,忠言逆耳嘛!但是,我们坚信,督导专家们的出发点,绝大多数时候都是好的,是出于善意。这一点,也得到了绝大多数青年教师的认同。如此想来,从事教学督导工作,其中真有高深的学问。所谓"攻人之过",不可太严,要让青年教师可以承受;而"教人之善",又不可过高,要让青年教师可以做到。这个火候,这个分寸,如何把握？这里面有功夫,这里面有学问。"以人为镜,可以明得失。"学校花如此大的气力,聘请这些有经验、有学问、有识见的老先生们来看你的课,肯定好的方面,指出有待改进的地方,对于青年教师而言,是一件好事,是一件非常幸福的事情。好些青年教师,经过课程评估的锤炼和洗礼,得到了督导专家的悉心指点,先后纷纷成为教学名家、名师,有的还陆续走上了高等教育管理的重要岗位。所以,我们这群督导专家,不仅是经师,更是人师。

"有则改之,无则加勉。"我想借此机会对青年教师多说这一句。就是说,针对一堂课,一门课程,不同的督导专家,自然有不同的看法,有不同的观点,这也是很正常的。记得李凤岐老师在一次督导会上,也提出这个问题,大意是,我们督导专家随堂听课,观察要尽可能全面、评价要尽可能客观、指导要尽可能精准。在当学期的教学督导纪要中,我们也特意引用了老先生的这段话。同时,我们青年教师对于督导专家就自己讲授的课程提出的意见与建议,也有一个主动吸收、自我审查、理性选择的过程。督导专家听课后,谈了一些看法,也提出了一些建议,哪些真正适合自己？哪些确实是自己的不足？哪些地方其实是有自己的考虑的？ 一一辨析,逐条反思,然后做出自己的判断。教有常规,教无定法,觉得该坚持的坚持,该改进的改进,既要尊重教学的一般规律,也要注意培养教学的个人风格。

有一本叫《格言联璧》的书,比较冗长,后来,李叔同对这本书进行再次精选,这就有了《格言别录》,入选的条目不多,可谓一字千金。其中说到:"凡劝人,不可遽指其过,必须先美其长,盖人喜则言易入,怒则言难入也。"又说:"善化人者,心诚色温,气和辞婉;容其所不及,而谅其所不能;恕其所不知,而体其所不欲;随事讲说,随时开导"。我们的督导专家绝大多数都做到了格言中所说的这些。

历史上,有"萧规曹随"的故事。在校史上也曾有一段佳话。赵太侔校长执掌海大园后,曾说:"杨前校长金甫先生成规具在,遵循仿效,取则不远。"这生动诠释了海大园那样一种"锲而不舍""崇德守朴"的文化精神。当年,根据学校安排,我接手这项工作之后,曾先后拜访王洪欣主任和秦延红副主任,她们都以一种"知无不言,言无不尽"的胸襟气象,耐心细致地指点了我,深入探讨了自己多年从事这项工作的宝贵经验、难点问题和改进方向等。正如秦老师说的那样,确实是竹筒倒豆子,把自己的所思、所悟、所得,一股脑儿教给了我。"良好的开端,即成功的一半",几年后,随着我对这项工作逐渐熟悉,有了更多更深的认识与理解,也越发感佩老一辈教育工作者们,他们在早期便做出了很好的制度设计与安排,关键在于坚持。这些年,教学督导的服务管理工作就是这样,鼓励创新,不断更新工作的思想观念,倡导教学学术,提出"以学习者为中心"的工作理念,同时,也十分重视坚持的力量,始终做到不动摇,不折腾,不做作,不刻意求新求变,朴实无华,一届接着一届,一门课程接一门课程的评建,一名教师接一名教师的帮扶,持续不断地做下去,日复一日,年复一年,日积月累,久久为功。

一次,在行远楼楼道偶遇李巍然副校长,我向他报告,谈及自己最近正结合一流大学建设方案,思考一些与文化传承创新相关的事。他脱口而出,说要探索质量文化问题。从质量文化的高度来慎思学校的教学督导工作,这真是醍醐灌顶,让人幡然醒悟。透过督导专家们日常生活的一言一行、诲人不倦的点点滴滴,我们感受到,中国海大园的质量文化已经形成,并将不断发扬光大。

海大的先生们

刘海波*

　　21世纪伊始,海大园中出现了一道靓丽的风景:一群年届古稀、双鬓斑白的先生,行色匆匆地奔波于各校区教学楼间,静静坐在教室后排,像学生一样认真听讲、记笔记,与任课老师亲切交流、恳谈,成为活跃在教学管理工作中的"银发力量"——他们就是海大教学督导团的先生们。

　　海大2000年建立了督导制度,聘请了一批学术造诣深、教学经验丰富、有一定教学管理经验的退休教师组成督导团,迄今已有八届,产生了4位团长。我是2002年港航专业毕业,留在海大高教研究室(现高等教育研究与评估中心)工作。记得学生时期上课时,偶尔会发现有老先生坐在教室的后排,像我们一样听课、记笔记,课间还会与老师攀谈。当时心里懵懵懂懂,不明白其深意。职业生涯的第一站,有幸在先生们身边服务、学习,先生们对督导工作执着专注、精益求精的倾力付出,对教育教学事业的严谨细致、坚守初心的不懈追求,高山仰止,景行行止,成为我人生最宝贵的精神财富,至今仍影响我、激励我、鞭策我,这在我工作之初是没有预料到的。

　　知乎上曾有一个关于"在你印象中,中国海洋大学是一所怎样的学校? 培

* 刘海波,研究生院副院长,2002—2006年担任高等教育研究与评估中心秘书。

养出来的学生怎么样?"的帖子。一位海大学生两次留言。在本科毕业当年的第一次留言(2013年6月10日):"海大作为'985'高校之一,在山东半岛地区有一定的影响力。除却海洋和水产类专业,其他没有特别强势的学科。学生普遍比较保守,讲座较少,思维碰撞少得可怜(不知道是不是国内大学的通病)。就业不成问题,毕业生的出路还是可以的。"后来在其他高校读了两年硕士,他又第二次留言(2016年5月27日):"毕业3年了,如果现在来看海大哪方面最好,我必推选课制度,无限制的转专业、自由安排所有上课时间,这在包括我硕士高校在内的很多高校想都不要想。海大的学习气氛很重,如果想考研或者刷GPA出国的很适合……"

学生眼中"必推的选课制度"要从海大的本科教学改革说起。2002年开始,时任副校长于志刚、教务处处长李巍然面对高等教育大众化背景下的"精英教育",深入思考,积极探索,以教育家的情怀,创新性地提出了"通识为体,专业为用"的本科教育理念,施行"有限条件的自主选课制度"和"学生毕业专业识别确认制度",用"一条主线、两个课堂、三种方式、四个保障、五条途径"辅助,走出了具有海大特色的人才培养模式。"通识为体,专业为用"的本科教育理念和"有限条件的自主选课制度",至少比"C9联盟"高校早了10年开始实施,足见两位领导的高瞻远瞩和远见卓识!海大的督导先生们开展全方位的"教—学—管"服务和支持,履行起"督教""督学""督管"与"导教""导学""导管"的职责,为这一战略的实施和落地发挥了不可替代的保障作用。

受聘担任第一届到第四届教学督导团团长的是温文尔雅的汪人俊先生。汪先生毕业于北京大学数学与力学系,一直工作在教学一线。他的授课不疾不缓,娓娓道来,一个概念,一个定理,前因后果,来龙去脉,清晰简洁,绝不拖泥带水,被听者誉为"如饮一杯清泉"。督导开会,汪先生讲话条理清晰、逻辑严谨、字斟句酌又极其流畅。先生们随堂听课,都是手书填写听课表,由我整理输入到电脑上形成电子版。汪先生字迹工整清秀,一丝不苟,少有涂改的痕迹,偶有补充说明,也是在边角处,细密详尽地标注,我在誊写录入时倍感赏心悦目。汪先生对我以"刘老师"相称,刚参加工作的我自己都没有完成从学生到老师的转变,听此称呼心里倍感温暖。海大建校90周年之际,汪先生以手写的厚厚一本《教学评估的心得体会》向校庆献礼,把督导、评估10余年的经验整理成书,以飨后人,令人肃然起敬!

第五届到第六届教学督导团团长是高风亮节的李凤岐先生。李先生毕业于山东海洋学院海洋系,环境科学与工程学院成立后担任过院长,退休前一直指导博士研究生,后来还兼任过学报副主编兼编辑部主任、教学评估专家常设委员会主任。繁忙的工作之余,还给《中国海洋大学高教研究》审稿。可能就是因为事情多吧,李先生走起路来虎虎生风又神采奕奕,总是在赶赴需要他的课堂、办公室、实验室和各个会议。李先生特别简朴,提着一个简单的帆布包(也是海大校宝文圣常先生的标配),面带谦逊的微笑,让人如沐春风。耳闻目睹李先生在承担的诸多工作中解决了许多疑难问题、承受了诸多压力,先人后己、高风亮节,有"谦谦君子"之美誉。

第七届教学督导团团长是和蔼可亲的张永玲先生。张先生是迄今唯一一位女团长,共担任六届督导。张先生毕业于山东工学院电机专业,曾担任过学校教务处副处长、人事处副处长、高教研究室主任,但她一直从事"大学物理"课程的教学工作,从未间断,她既有着丰富的一线教学经验,又有丰富的教育管理经验。承担督导工作以来,张先生13年如一日,坚守在教学一线,从事教学评估—教学督导—教学支持工作。张先生每年随堂听课近100学时,听课后与教师交流,肯定其优点,指出其不足,提出改进建议;与学生交流,了解学生选课、实践、科技活动情况及对课程与教师的评价;与后勤部门的工友交谈,了解工人师傅的需求。张先生总是面带微笑,让人倍感亲切,被尊称为"张奶奶"。

第八届教学督导团团长是行侠好义的肖鹏先生。初见肖先生,是在2005年第四届督导团成立之际,言谈举止之间处处透露着侠客之风,让人不由地敬仰。更出乎我意料的是,1946年生人的肖先生,从第四届教学督导团开始,到现在担任第八届教学督导团团长,15年来一直倾心于教学督导工作。肖先生毕业于山东海洋学院海洋生物系,后因工作需要在中国人民大学政法系进修,终成一代法学大家,还曾担任青岛市仲裁委员会委员、仲裁员,兼职律师,成为海大首届教学拔尖人才,在律师和注册会计师专业领域有较高的知名度。这也应了海大精神中的"兼容并包",只有在自由开放、和谐向上的大学,才能培育这样文理兼修、融会贯通的大家,正如同武侠小说中机缘巧合打通任督二脉,终成一代宗师的侠之大者。

四位团长之外,还有一位慈眉善目却又谨重严毅的王洪欣先生。王先生时任高教研究室主任,是教学督导制度的直接推动者和践行者,是教学评估上质量、上水平、成就学校品牌与影响力的实施者；也是我迈入职场的第一位领导，我的人生导师。王先生毕业于南京大学哲学系，从海大思政课教师，到宣传部部长、社科部书记，是中共中国海洋大学第七届委员会委员。高教研究室成立于1986年，其工作职能随着学校事业发展需要不断扩大，到2000年后已承担了高教研究（《中国海洋大学高教研究》《高教文摘月报》）、教学评估、教学督导等几大职能，而且工作重心已向教学督导和教学评估转移，高教研究室的名称已不能符合其工作内涵。王先生力主将高教研究室更名为高教研究与评估中心，得到了学校的支持，并于2005年顺利更名，终于做到了名实相符。王先生想做的事情，大都得到了学校的支持，校领导对其信任与认可可见一斑。王先生为人谨慎持重，对自己要求严格，几近苛刻，有老师称其为"马列主义老太太"。每一期的《中国海洋大学高教研究》，王先生逐篇审校、严格把关，亲自呈送时任主编于志刚副校长签发；先生说我们基础工作做得扎实一些，可以为领导节省时间，既是对领导负责，也是对自己负责。时任教务处李巍然处长是审稿专家，每篇审稿从文章结构到遣词造句，修改极其认真，原稿上修改痕迹密密麻麻，大多相当于重写。我把文稿取回来，向王先生报告，王先生心生不忍：李处长那么忙，把近乎枪毙的文章改成高质量的稿件，这得需要多少时间啊？今后尽量不麻烦李处长审稿了。回首往昔，方明白是英雄之间的惺惺相惜。

2005年后，王先生身体欠佳，开始了与病魔鏖战的日子。但先生坚持督导、听课，即便正式退休后，在校园里还时常看到先生忙碌的身影。王先生亦师亦友，把她的工作经验、为人处世的道理言传身授于我。每次去探望先生，她依然关心学校事业发展，关心我的工作和生活，帮我答疑解惑。她教导我说：决定了做一件事情，就要把它做好、做到极致；无论做什么事情，都不要授人以柄。王先生是坚定的唯物主义者，学了一辈子马列、用了一辈子马列，自评做人做事都对得起自己的良心，在病榻之时还和我开玩笑说随时都有可能去向马克思报到……王先生的音容笑貌犹在，可惜斯人已逝，不胜唏嘘。

温文尔雅、高风亮节、和蔼可亲、行侠好义、谨重严毅，是先生们给我的印象，也是我赋予先生们的标签。因为个人情感太过深厚，难免有失偏颇，但却是我心中所有教学督导先生们的精神和品格。先生们学识渊博、著作等身、桃李满天下，其间不乏全国优秀共产党员、优秀教师、模范教师；先生们德高望重、老而弥坚，在功成名就、儿孙绕膝、颐养天年之际，为了海大事业发展义不容辞地奋斗在人才培养的最前线,用实际行动诠释并践行着"海纳百川,取则行远"的校训,言传身教,以身作则,鞭策、激励着老师和学生,让海大的"三严"教风和"四求"学风得以永续,让"学在海大"的美名得以远播。这种精神和品格在海大督导先生们和一代代海大人身上传承,生生不息,是海大建设成为特色显著的世界一流大学的精神支撑和内生源泉。

桑榆未老,余霞满天。先生们是海大的脊梁!向先生们致敬!

初做督导管理工作的收获与感悟

何培英[*] ▮

因工作需要,2018 年的最后一个月,我被调整到高等教育研究与评估中心,负责课程教学评估和教学督导的管理工作。虽然曾在教务处做过 15 年的教务管理工作,但以往和中心的工作接触不多,对中心的工作内容和工作程序还是比较陌生的,好在中心的工作与教务管理是相通的,我没有初来乍到的陌生和无所适从,反而有种重拾旧业的熟悉感觉。转眼间,来中心工作一年多了,回望这一年的工作状态,各项工作内容丰厚、层层递进、脉络清晰,我自己也收获颇多。除了工作上的收获,我还得到了大家对我的关心和尊重,既有中心各位同事的支持和积极配合,更有我所服务的督导专家们的鼎力协助与合作,这让我深受感动。并且近距离感受到每位专家高素质的专业水平和业务能力,感受到每位专家的个人魅力和独特风采,感受到与高手专家合作的淋漓痛快,以及由此带来的个人成长与收获,体验到一种独特的幸福、满足和成就。

一、群策群力　修订课程教学评估指标体系

我至今还清晰地记得,2018 年底刚到中心,在交接和熟悉工作的过程中,获悉中心将全面修订我校 2010 版《中国海洋大学课程教学评估实施细则》和

＊ 何培英,中国海洋大学高等教育研究与评估中心副主任,2019 年任现职至今。

2010版"理论课"、2007版"艺术技能"、2004版"实验课"、2003版"体育课"四类课程质量评估指标体系。为全面了解指标体系前期的实施情况,我打电话咨询请教督导团团长肖鹏老师,当时考虑到肖鹏老师刚刚做完心脏手术,还没完全康复,不方便登门拜访,没想到肖老师考虑到我初来乍到不了解情况,怕电话说不清楚,当天下午就从浮山校区匆匆赶到崂山校区的督导办公室,耐心地给我介绍督导工作和课程指标体系的来龙去脉,还有他的一些修改建议,这让我对督导工作和指标体系有了比较全面的认识。为获得更多的信息资料,我分赴学院先后拜访了冯丽娟、修德健和罗福凯几位督导专家。几位专家热情且有涵养,让我有种一见如故的感觉;冯丽娟老师思路敏捷,直言快语,只要有她在,现场的气氛就会活跃热闹;修德健老师娓娓道来、耐心细致的儒雅风范,让人感觉特别踏实;罗福凯老师思路严谨、逻辑清晰地给我介绍督导工作的方向……督导们的坦诚和信任让我倍感亲切,令我难忘。

之后半年内,我组织了5场针对不同类别指标体系的工作研讨会,每场邀请5~8位督导专家参与。专家们每次接到我的研讨邀请电话后,话不多说,非常痛快地答应参会。研讨会上大家根据教育部的指导思想以及多年的教学督导经验,抓住重点、难点,深度研讨交流,畅所欲言,建言献策;研讨会的工作效率之快、工作质量之高,令我惊叹,修订工作开展得特别顺利。这期间,专家们不同的性格特点也给我留下深刻印象,朱萍老师作为体育教师豁达直爽风格豪迈;李欣老师直言不讳嗓门大;王玮老师幽默风趣且总能一语中的;侯永海老师抑扬顿挫严肃认真;陈铮、朱意秋、孙即霖、郑敬高、王启、黄亚平、马骕、董树刚、张前前几位老师低调沉稳、睿智含蓄……专家们简练、高效、务实的工作作风,让我深受教益。

二、结伴听课　虚心接受督导专家的帮扶指导

为深入了解课堂教学过程,同时也加深对课程教学评估和教学督导工作的熟悉了解程度,我相约跟随王萍、秦延红、朱萍等几位督导专家去课堂听课。王萍老师不愧是教学专家,看我听课时一脸的茫然,就插空耐心地给我讲解和点评教学内容、教学方法和教学效果,指出问题所在和原因,这种现场教授的方式,让我顿时有种茅塞顿开的感觉。秦延红老师听课过程中特别专注,认真有耐心,并随时记录听课心得;她告诉我如何对抗课堂上听不懂的困难,她说听不

懂很正常,学生也是这种状态,都是第一次听新课,要静下心、耐住性子,就会逐渐进入听课状态,到了一节课的后半段基本就会慢慢听懂一些,这时候就可以审视和反思教师教学内容和教学方法的优劣;秦老师曾经在高等教育研究与评估中心工作过一段时间,对评估、督导方面的管理服务工作有很深的体会和丰富的经验,她曾用整整一个下午的时间对我进行工作指导,对我尽快转变工作角色、进入工作状态起了很大的帮助作用。我还发现每次去教学楼听课的时候,几乎总能看到朱萍老师活跃在教学楼的听课身影;我了解到,2019年秋季学期的每周二第一、二节课,朱老师都会去一位参评体育老师的授课现场,她说如果其他评估专家去看课,就可以给他们讲解一些体育专业方面的内容,这样评估专家看课会更专业、更客观、更有方向感。跟着她听课,我理解了"全课密度""运动负荷""生理曲线"等一些体育专业术语的含义,从而更加深了对体育类课程的了解和认识。

三、学习调研　切实感受督导专家严谨治学的风范

工作之余,中心会组织陪同督导专家外出调研,督导专家严谨好学、极强的组织纪律和集体观念也给我留下了深刻的印象。为广泛了解国内各高校课程评估指标体系的实施情况,中心安排了7位督导专家去南京高校调研,其间,专家们听从指挥,不搞特殊化,使得我们的组织安排特别顺畅;为保障安全和方便出行,我把专家分成3个小组,安排陈铮、张前前老师做我的组员,陈铮老师私下很客气地向我请示,希望把侯永海老师也分到我们组,方便他们作为同龄人间的交流,并且每次小组活动都积极配合我的工作,从不提额外要求;他们不以专家自居,对吃、住、行的安排从不挑剔,对我这个组织者也很尊重,始终保持着集体行动的团队状态,保障了调研工作的顺利实施。调研期间,专家们专注学习,积极交流,给调研高校的相关部门留下了深刻的印象,调研工作收获颇丰;返校后专家们各自提交了有独特见地的调研报告,并在督导工作会议上进行了分享。

在组队参加南昌大学承办的第八届全国高校教学督导年会中,黄亚平、秦延红、王萍三位督导全程跟会,认真学习、记录,积极与兄弟高校专家们交流,会后向我们提交他们认为有价值的会议内容和资料。秦延红老师还把个人感受和会议资料整理压缩成50余页的会议摘记PPT,在年底的督导总结会上做了

非常精彩的报告;这对于开阔督导工作视野、更新督导工作理念、丰富督导工作方式方法、提高督导工作质量水平均起到了很好的启迪作用。

四、提高站位　努力为督导专家提供高质量服务

教学督导的管理工作不同于一般的行政工作。督导专家无论是个人素养还是专业水平都属于高层次,面向督导的管理工作势必要站位更高;只有在教学方面的思考、实践和研究贴近督导专家的水平,与督导专家的工作交流才不会因差距太大而受阻。我对自己的要求是,既要有宏观的整体工作思路和框架的把控力,也要有微观的了解具体问题和具体情况的敏锐度;既要全面了解国内外教学发展状况,也要了解国内外其他高校的督导管理状况;要及时了解教育部的相关文件精神,把握教学质量保障与评价的相关政策和导向,掌握教育发展尤其是本科教育发展的新理念、新动向;不断转变思想观念和工作方式,才能不断适应教学改革和工作机制的转变,提高督导管理工作的层次和水平。同时,在工作中也要如督导专家们一样努力全面熟悉、了解教学的全过程,把到课堂听课作为工作常态,全面把握和了解教学的整体情况和普遍存在的问题,从而可以更好地与督导专家达成共识。

我目前还承担着学校公共选修课的授课任务,并且也在做教学方法和教学内容的改革,这让我能够更深入体验和了解教学的全过程,这对于引导教学督导们"从表层的督导,转为深层的督导""从面上的日常督导,转为重点的专项督导""从一般规范化的督导,转为研究型和发展式的督导",进一步发挥督导专家"学术的专家、教师的典范、领导的参谋"的优势有很好的帮助作用;另外,我曾在学院做过 13 年的学生教育管理工作,对学院教学、学生的教育管理等工作情况比较了解,这些经历和体验,也对督导工作的政策制定和工作推进,以及加强与学院的合作和交流方面有很大的助益。

"楼高手可扪星斗",能够与高素质、高水平的专家合作,我有种站在巨人的肩膀上的荣幸,我很珍惜这个工作机会,也期望能够在督导专家们的指导和帮助下,与专家们一起共同努力,高质量做好学校的教学督导工作。

小小记录卡，浓浓督导情

姜远平 *

时光在悄悄地走着，不知不觉中我在海大已经工作 15 个年头了。2005 年 3 月，作为一名高等教育学专业毕业生，怀揣着为学校教育教学研究工作做点什么的美好梦想，开启了自己的职业之旅。我在海大第一个岗位是教学督导室秘书，直到现在，我仍然认为这是我与海大之间缘分最好的开始。

在海大，有这样一群人，含饴弄孙的年纪却不辞辛苦奔波在三个校区；有这样一群人，专门给老师"挑刺"，却深受师生爱戴，他们就是被称为海大教学质量"守护神"的教学督导，他们为保障和提高学校教学整体质量，帮助指导教师提高教学水平做出了重要贡献。教学督导的主要工作形式是深入课堂随堂听课，学期初，作为督导秘书，我会给每位督导准备 20 张左右听课记录卡，听完一次课，督导们填写一张记录卡，往往不到期中，就有好几位督导过来跟我要记录卡，最多的督导一个学期听课 50 多次，这样的工作量，对五六十岁的督导来说确实不小。那一张张笔迹或清秀或苍劲或工整的听课记录卡，承载着海大教学督导高度的责任心和敬业精神，谦虚严谨的工作态度，见证着一位位海大教师的成长与蜕变。

其实，教学督导的工作远不是听听课、给教师写写评语那么简单。顾名思义，教学督导，既要"督"又要"导"，所谓的"督"就是监督、检查，"导"就是指导、

---

* 姜远平，基本建设处综合科科长，2005—2010 年担任高等教育研究与评估中心秘书。

引导。在我看来，海大的督导们更侧重于"导"，让更多的授课教师在"导"的关怀中自觉地提高教学质量，完善教学活动是他们的目标。每次听完课，督导们都要跟任课教师进行交流，从教学态度、教学内容和教学方法与手段等方面，给教师提出中肯的意见和建议，然后把这些意见和建议悉数记录在听课记录卡上。交流往往不受时间和地点所限，有时候是在教室里，有时候是在赶班车的路上，有时候是在食堂吃饭的时候，一边是教师虚心请教，一边是督导倾囊相授，这样的风景，相信很多人都看过。小小的一张听课记录卡，是教学督导和老师之间沟通的桥梁和纽带。

张永玲督导曾经说过，督导工作不仅要有责任心更要有耐心，尤其是对那些刚上讲台的年轻教师，他们学历高，专业知识丰富，理论功底深厚，但教学经验不足，教学方法、教学水平有待提高，为了帮助年轻教师尽快提高教学水平，她采取跟踪听课指导的方法，仔细观察教师的教学设计是否合理，教学内容重点难点是否突出，师生互动情况，以及教学方法的运用等，充分肯定其讲得好的方面，然后实事求是地指出其不足，经过一段时间的跟踪指导，年轻教师的进步非常明显，有的老师还在学校课程教学评估中取得了很好的成绩，讲课深受学生欢迎。小小的一张听课记录卡，记录的是督导专家的关怀和老师们的成长。

每个学期末，学校都会组织召开教学督导工作总结会，督导对本学期通过随堂听课、专项调研、观摩指导、追踪听课等方式，涌现出来的优秀教师和典型案例进行分析，同时通报发现的问题课堂和问题教师，会后我要把督导专家反馈的信息进行综合、分析，起草会议纪要，督导团的团长汪人俊、李凤岐老师都曾逐字逐句进行修改，对于那些被通报批评的教师和课堂，两位团长均是慎之又慎，与反映问题的教学督导反复沟通，把督导记录卡找出来逐字推敲，最终经主管校领导审核后以红头文件的形式发布。小小听课记录卡，承载的是教学督导高度的责任心和严谨的工作态度。

因为学校工作调整，如今我已经离开教学督导秘书岗位 10 年有余，但每次在校园中遇见他们匆匆的身影、慈爱的笑容，我仍感亲切和感动。

督导之于海大

朱信号*

今年是我校教学督导工作建制20周年,自己一直提醒自己需要写点什么,以期留作纪念,而现实却是惰性作祟,一拖再拖,迟迟未动。今天段老师问我旧文(旧文附在文后,且当作记忆之记忆吧)是不是需要补充些内容,自己这才"为之一振",于是"奋笔疾书"。真心惭愧!

为什么想写点什么? 忆往昔,与督导老师们"朝夕相处"的十余年,正是自己成长的十余年,在人生观、价值观、社会之认识成型之路上有长者、师者、智者相伴,自己是倍感庆幸、暗暗窃喜的;为什么又不愿提笔? 如今,"终于熬到"了不惑之年,实是不愿外人见到自己仍有的"幼稚",再则于我而言,有些人、有些事想一想却更是美好一些,落到自己苍白的笔下就感觉没那么醇厚了。

开了这么长的头,却又不知从何说起了,有太多的人、太多的事在脑海中闪过。最近读了同事和督导老师写的回忆短文,深受触动,特别想写写督导之于海大那些事,或许我们有同样的感受。

作为一个近距离旁观者和切身体会者,督导之于海大真的意味着很多很多。李巍然副校长说教学督导专家是海大本科教学质量的"守护神";于志刚校长认为教学督导专家是海大本科教学质量的"定海神针";中心段主任坚持用

* 朱信号,中国海洋大学高等教育研究与评估中心编辑,2006年任现职至今。

《底•器》为本书命名，我从个人理解，"底器"至少表达了两重意思：一是学校教学保障之根本，二是与"底气"相通，督导让我们的学校教育有底气，让学校的本科教学有底气。从现实主义的视角来看，历经20载、8届督导的辛勤耕耘，学校的本科教育教学质量得到全面保障和提升，"学在海大"的口碑得以传承与发扬，督导之于海大是实实在在的贡献。而从更开阔的文化视野来看，我的感受是督导之于海大的意义远非于此。

督导之于海大是美。不妨想象一下这个画面：课间，在宽敞明亮的教室，一缕阳光洒在讲台、课桌或青春洋溢的大学生的脸庞，讲台旁边一位两鬓发白、精神矍铄的老者正与一位青年教师轻声交流，或请教或探讨；学生或在嬉戏、讨论或在随手翻着书本，但时不时总会有学生抬头望一望两位正沉浸于交流中的那一老一少，目光中略带着懵懂的疑惑，他们懂或不懂，知或不知？

督导之于海大是爱。不妨想象一下这个画面：课间，在教室的后排，一位长者面带微笑与他的"同桌"亲切的交流，你是从哪儿来到海大的？家里有没有兄弟姐妹？在海大学习生活有没有适应？你觉着这个老师的课讲的怎么样，是否能听得懂？周围的同学面带疑惑地看着一老一少两个"同桌"亲切地交流，很想凑上前去听听他们在聊些什么。

督导之于海大是信任。不妨想象一下这个画面：在高大庄严的会议室，椭圆的会议桌旁，一位学者模样的中年人略微向前倾着身子恭敬的与一位长者在交谈着什么，是在聊最近的身体与心情？还是学校的发展与规划？是咨询亦或质询？

督导之于海大是传承。不妨想象一下这个画面：在林荫大道上，在郁郁葱葱的树荫下，在粗壮且充满折皱的树干旁，一位长者与一位更长者相遇，两人略微挺起半弓着的腰身交流着，是在传授经验还是在请教问题？还是在倾谈作为一个年轻督导的困惑与感受、年老督导的期冀与畅想？

督导之于海大是寄托。不妨想象一下这个画面：在一间面积不大却温馨干净的客厅，一位长者忙碌着在茶几上摆着瓜果，几个年轻人围坐在他的周围，长者略显激动，亲切地向年轻人询问着学校、单位近期的发展状况。长者布满皱纹而又慈祥的脸上充满着对学校发展的欣喜和偶尔露出地对一些问题的担忧。

督导之于海大……

督导之于我。对督导一直是充满仰慕之情的，在我心中，他（她）们是新中国最早的一批知识分子,他们身上既散发着学者的文化气息,又流露着拥有丰富人生阅历的智慧,他们是长者更是智者,需要向他们学习的太多太多。每次与他们相遇、与他们交流、听他们讲述、读他们著述、看他们做事,都能让人感慨颇多,抑制不住有种必须珍惜时光、努力前行的紧迫感。高山仰止,景行行止;虽不能至,心向往之。

最后,我想督导之于海大即是海大本身吧,海大的文化,海大的特质,不论是包容还是进取,都在督导们的身上毫无保留地、尽情地展现着。督导之于我和万千的海大人都是榜样,更是指引,需要一直学习和领悟。

附旧文——教学督导二三事:

早就想写一些教学督导的事儿,但由于去年一直把精力铺在较为忙碌的本科教学审核评估的相关工作之上,就把本已写了开头的文章又搁置了,庆幸的是这却恰好给了我更多的感受与思考的时间,以至于不必在匆忙之间成文。近日恰逢端午节休假,整个人亦悠闲了下来,在宿舍无事,便随手翻阅了放在枕边的高教研究与评估中心编著的《质量之本 孜孜以求》一书,不经意间又读到了几位督导所著的文章。品味文章的同时,一种对督导的敬意亦莫名地涌上心头,便又有了完成此文的冲动。

和督导打交道是那么轻松惬意,他们没有专家的架子,也没有领导的姿态,他们就是一位位慈祥的长者,督导给你的就是自信与帮助。面对他们,你总能抛开一切担忧,开开心心的工作。不用担心自己会说错话或做错事,因为站在他们面前你总能感受到他们的宽容与大度。在与本校任教的同事私下交流之时,虽然大家或许会有督导来听课前的担忧与不安,但听过课后,同事常会给我提起,"督导其实很和善""人不错""对我的课某某方面赞许了一番",当他们说到这些时脸上总会露出获得专家肯定的欣喜和自信。

如果你是个有心人,也许你会感受到教学督导是海大一道亮丽的风景线。回想起《质量之本 孜孜以求》书名的含义来,是谁在孜孜以求? 是谁在用自己的时光孜孜以求? 在孜孜以求方面,督导们是执着的,是"较真的"! 也许现在这个词已经被贬义化了,但在学术上我们有时候是需要较出真来的。李凤岐老师在自己的文章《讲台之缘,评估之情》中提到,讲台上下弹指已逾61载,17年讲台之下是求学,近半个世纪是为人师。一生都沐浴于校园之中,这个文化与知识的殿堂之中，是幸福也是奉献。我在编辑部工作，时常会请督导们审稿，而每一篇经他们审回的稿子，上面都会密密麻麻标满注释，让我明白这就是工作的认真；同时，在把握不准的地方他们会仔细标注问号，并告诉我这个自己把握不准。有时他们亦会把稿子退回来，告诉我这个问题自己不是专家，由某学院里的某某教授审更好，因为据他了解某某教授专门从事这方面的研究……让我明白这就是工作的严谨。这也许就是本中心马勇教授在一篇论文《论大学之大与大学之学》里的"大"与"学"。大学有大师，但大师绝不仅仅是当今社会大家趋之若鹜之大项目。大亦能容，宇宙之大可容万物，心胸之大可容大事。大而不能容非真大。

完成此文，心中却莫名地生出两种感觉来：一是意犹未尽，总是感觉还需要说些什么，而我知道再多的文字也难以详尽他们的工作、他们的品质、他们的奉献；二是莫名的唐突之感，犹恐由自己拙劣的文笔形成此文来"评价"他们是一种莫大的亵渎。

我与教学督导同成长

王淑芳*

时光荏苒，转瞬间我已经来海大工作近 20 年。这 20 年，有 18 年的时间，我都是在高教研究与评估中心度过的，后来由于岗位流动，调到教务处工作。在高教研究与评估中心工作期间，我主要负责的是课程教学评估的具体工作，而在刚踏上工作岗位之初，由于单位人员不足，2000—2005 年间也曾经同时负责过教学督导的具体工作，后来虽然不具体负责教学督导工作，但是课程教学评估和教学督导工作原本就是密切融合、相互促进的两项工作，所以，我对教学督导工作的发展也始终保持着高度关注。可以说，从 2000 年学校开始实施教学督导制度开始，我陪伴了它的不断发展、成熟、壮大，是它的一个亲历者、见证者。

何其有幸，在我刚踏上工作岗位之初，就与这么多德高望重的老教授们打交道。那时，刚刚研究生毕业，没有工作经验，而我工作服务的对象又都是教学经验丰富的资深教授们，心中难免忐忑。但是，教学督导专家们和蔼的态度、宽容的胸怀，逐渐打消了我的顾虑，而他们在工作中呈现出来的优秀品质，对我此后的成长影响颇深。当时担任教学督导团负责人的李凤岐教授身兼数职，不仅兼任着教学评估专家常设委员会主任、学报编辑部主任，同时还在文圣常院士

---

* 王淑芳，中国海洋大学教务处秘书，2001—2018 年担任高等教育研究与评估中心秘书。

撰写的学术专著中承担着重要内容的撰写任务。每次在校园里碰到他,感觉他都是在奔忙的路上,他的一生勤勤恳恳,兢兢业业,"横眉冷对千夫指,俯首甘为孺子牛",我们都亲切地戏称他为"老黄牛"。印象中王薇老师是一个极其负责的老教授,每个学期听课数量都很多,当时我们还聘她为课程教学评估工作的横向专家,对于有潜力获评优秀的教师和可能被评为合格的教师,她格外慎重,我们要求横向专家每门课至少要听一次,但王薇老师为了使评估结果更为客观,经常是一门课听了三四次之多。张永玲老师是担任教学督导时间最长的一位老教授,同时她也曾是高教研究室(高教研究与评估中心前身)的老领导,我们之间交流的东西有很多,有工作上的,有生活上的,自己工作上有不懂的地方,就经常向她求教,她每次都很耐心地解答。她经常听晚上第九、十节课,我每次建议她说,听课结束后可以打车回家,但她总说,她现在退休了,坐公交车不花钱,就不占用学校的经费了。教学督导中年龄差不多最大而却始终保持着青春活力的周发琇老师,记得有一次组织教学督导爬山活动,只有周发琇老师和另外一位教学督导爬到了山顶,而我在爬到三分之二的时候就折返下山了,为此还被周发琇老师嘲笑了一番,如今,我也已经养成了每天健身的好习惯……记忆的闸门一旦打开,尘封已久的记忆,就如脱缰的野马,一个个亲切的面庞,一幅幅生动的画面,不断出现在眼前,已成为我心底深处美好的回忆!

与我个人成长密切相关的教学督导制度,最初建制于 2000 年 12 月份,当时还称为"教学督察制",这主要与当时大规模扩招带来的大学教学质量滑坡的状况有关。当时组建教学督察队伍的目的,当然也有对青年教师的教学进行指导的诉求,但更多的还是主要发挥对教学质量的监控作用。2005 年,由于时任教学副校长的于志刚教授的建议,"教学督察制"改为"教学督导制",并出台了"教学督导制实施细则",教学督导的目的转为主要对青年教师的课程教学进行指导。随着教学督导制度的不断发展和完善,其工作成绩也得到了学校领导和教师的认可。2007 年,教学支持中心成立,此后高教研究与评估中心、教学支持中心一直在探索课程教学评估、教学督导、教学支持三块工作相互渗透、相互融合的工作机制。2009 年,基于这三块工作成效申报的"创建'评估—督导—支持'三位一体的教学质量保障新模式的探索",获得了国家级教学成果二等奖。经过近 20 年的探索,目前已基本形成了基于教师专业发展的教学督导工作机制。

1. 开展以课堂教学为主的听课环节,促进教师的专业成长和发展

这是教学督导工作中卓有成效的一个重要方面。本科教学工作是学校的中心工作,课堂教学又是教学的中心环节。教学督导工作首先是聚焦课堂,以课堂教学为中心开展工作。根据《教学督导工作细则》,教学督导要定期听课,每个月随堂听课不少于 8 学时。教学督导深入教学第一线,既有对教师教学的监督作用,但更主要的目的还是对教师的教学进行指导。教学督导每次听完课后都会面对面与授课教师进行交流,充分肯定成绩,实事求是地指出不足,中肯地提出改进建议。有时因为时间匆忙来不及现场交流,过后也会通过电话或邮件将自己的听课意见反馈给教师。教学督导在听课的过程中,不仅仅关注学生的出勤率和课堂秩序,更多的是关注学生是否有效参与到了课堂教学,教师是否有意识地培养学生的思维能力和自主学习能力,通过教师的教学,学生真正学到了什么。教学督导通过对学生学习过程、学习状态和学习效果的达成等几个方面的评价来督促教师改进教学。教学督导和教师之间也逐渐建立起了信任的关系。

2. 重点帮扶,精准指导,关注青年教师的教学专业发展需求

教学督导在广泛听课的过程中发现,新进青年教师的教学水平和教学效果引起了大家的关注。青年教师的学术水平都比较高,但由于缺乏教学经验,且大多数教师在参加工作前没有受过教学法方面的训练,所以,教学效果不够好。教学督导针对此情况,专门对首开课教师进行一对一指导,从备课、教学内容的选取、教学方法和手段的运用,到考核考试等,对首开课教师重点指导,指导时间持续一个学期,首开课教师的教学水平较以往有较大的提升。同时,教学督导们还对评估结果较差的老师和学生反馈效果不好的老师进行重点帮扶,有针对性的指导。从而使日常面上的教学督导与重点督导有机结合起来。

3. 开展个性化指导,满足教师个性化发展的需求

这项工作的开展并没有形成比较规范的流程,只是在工作中会有一些教师主动打电话到办公室,请求我们能够选派合适的专家到他的课堂上给予指导,一般我们都会满足教师的需求。无论如何,这是一个很好的促进教师发展的形式,值得更深入的探索与尝试,比如可以建立规范的预约机制,适应教师个性化发展的需求,可以请专家到现场听课,也可以是面对面交流的形式,总之是以教师的个性化需求为第一位的。

　　回顾教学督导这 20 年的发展,取得的成绩是有目共睹的。但我们回顾过去,是为了更好地开拓未来。随着海大双一流的建设,教学督导工作也需要与时俱进,大胆创新。如,进一步深化评估、督导与教学支持的融合,使基于教师专业发展的工作机制更为成熟和完善;推进信息技术与教学督导工作的结合,建设集评估、督导、教学支持一体化的教学质量信息平台,充分发挥现代化信息技术的优势,推进各项工作的发展,等等。

　　新的起点,新的征程。愿教学督导工作在海大双一流建设的进程中创造新的辉煌。

殚精竭虑　守护为学

常　顺 *

2011 年 8 月，我初到教学支持中心从事秘书工作，根据工作安排，也同时承担教学督导办公室秘书职责。虽然督导办作为内设机构并不设秘书岗位，但职能与 2010 年人员精简之前并无多少区别。从彼时至今 10 年光阴如白驹过隙，回顾过往，历历在目，与专家们一起工作的点点滴滴都值得回忆与珍藏。

我对教学督导工作的初步认知是从一书、一册开始的。

一书便是《质量之本　孜孜以求》。书中详细讲述了课程教学评估与教学督导工作发展的历史背景和思想渊源、实践探索和发展脉络、思想观点和远景前瞻。所谓读史使人明智，借助书中序言导读，比较容易读懂评估、督导与支持的发展路径与思路，而在实际工作中形成三者有效的协同却并不容易，也因此作为一本手边书时常翻一翻，以求不忘初心，从中汲取一些思想养分。这本书形成于 2007 年，两年之后的 2009 年，"评估—督导—支持三位一体的教学质量保障新模式"获得了国家级教学成果二等奖，这是对我校这三项互为支撑和补充的工作的充分肯定。三位一体本身意味着区别与联系，实际工作中则体现为你中有我、我中有你的协同。当前，学校层面的思路和设计已经十分清晰，我们也希望学院层面亦能够仿此形成这样的局面。

一册就是《中国海洋大学纪念教学督导制度十周年（2000—2010）》图文册。

* 常顺，中国海洋大学高等教育研究与评估中心秘书，2011 年任现职至今。

2010 年是教学督导建制第十个年头，当年 2 月组建的第五届教学督导团，6 月以报告会形式纪念建制十周年。很遗憾我没能亲临盛况。图文册中有一张连任五届教学督导合影，照片中的他们神采奕奕、意气风发，颇有"而今迈步从头越"的豪迈气概。督导专家退而不休，继续为祖国健康工作，这非常值得我们敬仰和学习。图文册中时任党委书记和校长的题词更是表达了学校领导对督导专家的褒扬和敬意，凝聚了督导专家的精神与品质，也饱含了对教学督导工作的重视和期许，不妨让我们在此重温一下：

时任书记于志刚："良师益友，十年润物细无声；春华秋实，百年树人更卓越。"

时任校长吴德星："尊师明德、追求卓越，树人立教、取则行远。"

学校领导对督导专家始终如一的尊敬、信任，对督导工作给予高度重视，督导专家以专业、公正和敬业、奉献作为回报，这是这项工作能够沿着正确的轨道顺利进行的主要因素。海大本科教学质量的"守护神""定海神针"，这样的说法形象生动，恰如其分。

在督导办工作多年，也经历了多次换届，我非常清楚要达到资格要求并通过严格的遴选成为一名教学督导是不容易的，而这些经学校"精挑细选"荣为督导专家的老人们在花甲、古稀之年依然忘我工作、播撒余晖更令人敬佩。试想一名老教师出现在青年教师的课堂上，依然为教学卓越而执着努力，青年教师和青年学子有何理由不发愤图强？"督教""督学"的魅力之一正在于此！印象最深刻的是专家们填写的督导听课记录卡，有的笔迹工整、美观，横成行竖成列，有的分析严谨、细致，记录卡上豆腐块大小的文字性授课评价表格写得满满的，意犹未尽就写到背面，个别字书写得飘逸一点，有时读起来颇费思量。一张张手写的纸片记录着老专家们对海大青年教师和学子的谆谆教诲，守护着本科教学"学在海大"的文化精神家园。

"督导结合，以导为主"是督导工作一直坚持的原则之一，当然还有其他一些具体的工作原则。而这一原则说明这项工作非常重视发挥"导"的作用，就"导教""导学"而言，督导专家在日常听课调研过程中特别注重与任课教师和选课同学的交流，即使课间 10 分钟，也边走边聊，意犹未尽时再找时间联系。最近几个学期学校开展的"一对一"督导，强化了对青年教师的传帮带工作，这使督导专家与任课教师间有了更多频次的交流，这项工作得到了学院和老师们的欢迎。当然,我们也希望学院也在老中青教师之间建立这样的机制,形成良性的传递。试想,如果一个专业的一门课的任课教师与本专业其他课程授课教师缺少交流,就会造成自我封闭和孤立,就会使课程间缺少相互支撑、互补和融合,有时还会有不必要的重叠,自然不利于提升授课水平。一对一、一对多或多对一都有利于形成教师同行之间的联系,从而构建起教学支持的群体。没有来自同行的支持与反馈,教学提升与改进就是教师的单打独斗,这不利于整体教学水平的提升,当然,更不利于人才的培养。

督导专家能够掌握导教、导学的话语权,一方面是因其学科专业功力深厚,另一方面是多年从教形成的深厚积淀使其具有的优秀的教学水平,而更重要的是旺盛的未知欲望和不断的学习能力。在工作的过程中,我时时感动和敬佩于督导专家们的努力学习。如今高等教育正在发生瞬息万变的深刻变化,例如当前的疫情使得教学普遍上线,如何督、怎么导都需要与时俱进,报告学习、实践操作、回顾反思、探询思考,我深刻地感受到督导专家们的积极尝试和努力探索。《庄子》有言:吾生也有涯,而知也无涯。大学要培养终身学习者,从事大学教学工作的督导专家也必然应以终身学习为目标,成为约翰·塔格《学习范式学院》中所说的"永远的初学者",去理解学习、学会学习,统一教学思想认识,用整体行动和努力使学习发生,成为一名守护为学的师者之师。终身学习,我们的督导专家们是典范!

"初心在方寸,咫尺在匠心",值此教学督导工作建制 20 年之际,衷心祝愿海大的教学督导工作在学校"双一流"建设中行稳致远、匠心卓越。

附 录

APPENDIX

历届教学督导专家名单

（以届为序）

第一届"教学督察员"名单（2000—2003）

召集人：汪人俊

成员（以姓氏笔画为序）：

王安东　且钟禹　李玉兰　李春柱　李淑霞　邱永绥

周发琇　郑家声　胡维兴　徐定藩　谢式南

第二届"教学督察员"名单（2003—2005）

召集人：汪人俊

成员（以姓氏笔画为序）：

王安东　王　薇　且钟禹　李玉兰　李春柱　张永玲

周发琇　周继圣　郑家声　赵茂祥　胡维兴　徐定藩

谢式南　路季平

第三届"教学督导"名单（2005—2006）

召集人：汪人俊

成员（以姓氏笔画为序）：

王　薇　王安东　李玉兰　李春柱　张永玲　张兆琪

周发琇　郑家声　赵茂祥　徐定藩　谢式南

第四届"教学督导"名单（2006—2010）

召集人：汪人俊

成员（以姓氏笔画为序）：

王　薇　卢同善　刘双昌　李凤岐　李学伦　李春柱
李　静　张永玲　张兆琪　肖　鹏　周发琇　周继圣
赵茂祥　陈　峥　郑家声　徐玉琳　徐定藩　谢式南

第五届"教学督导"名单(2010—2012)

召集人:李凤岐

成员(以姓氏笔画为序):

王　薇　卢同善　冯启民　李学伦　李春柱　李　静
杨作升　张永玲　张兆琪　肖　鹏　陈　峥　周发琇
周继圣　郑家声　赵茂祥　侯永海　徐玉琳　徐定藩
黄晓圣　谢式南

第六届教学督导团成员名单(2012—2014)

团　长:李凤岐

副团长:张永玲

成员(以姓氏笔画为序):

王　薇　卢同善　冯启民　乔爱玲　李学伦　李　静
杨作升　肖　鹏　张兆琪　陈　峥　罗福凯　周发琇
周继圣　郑家声　赵茂祥　侯永海　洪　涛　徐玉琳
黄亚平　谢式南

第七届教学督导团成员名单(2014—2017)

团　长:张永玲

副团长:肖　鹏

成员(以姓氏笔画为序):

马　甡　王　启　邓红风　冯丽娟　冯启民　孙即霖
李　欣　李学伦　陈　峥　罗福凯　周继圣　郑敬高
侯永海　黄亚平　董树刚　魏振钢

第八届教学督导团成员名单(2017—2020)

团　长:肖　鹏

副团长:冯丽娟

成员(以姓氏笔画为序):

马　甡　王　启　邓红凤　朱　萍　朱意秋　孙即霖

李　欣　张前前　陈　峥　罗福凯　郑敬高　修德健

侯永海　黄亚平　董树刚　魏振钢

增补成员:

秦延红　王　萍　王　玮　冷绍升　唐瑞春　陆建辉

教学督导工作相关管理规定

青岛海洋大学关于实施"教学督察员"制度的暂行规定

为了进一步完善学校内部"教学质量保障系统",加大对教学质量的动态监督、检察和考评的力度,强化教学秩序的管理,切实提高教学质量,以实现"育人中心"的工作思路,青岛海洋大学决定实施"教学督察员"制度。具体规定如下:

一、教学督察员的条件

1. 拥护党的四项基本原则,热爱人民的教育事业;

2. 为人师表,具有高尚的师德和社会公德;

3. 教书育人,具有丰富的教学经验;

4. 治学严谨,具有较高的学术造诣;

5. 办事公道,具有高度的责任心和事业心;

6. 身体健康,具有高级职称的教师。

二、教学督察员的职责

7. 教学督察员负责对学校的教学过程、教学质量、教学秩序、教学管理等方面进行监督、检察,对存在的问题提出改进的意见和建议。

8. 参与学校的重点教学评估、期中教学检查、期末考试巡视等重大教学活动。

9. 每周至少听两学时课并按要求认真填写"青岛海洋大学听课记录卡",对授课教师的教育思想、教学态度、教学内容、教学方法等进行定量、定性的分析评价。

10. 每月至少有一次深入实验室、自习教室、图书馆,实地考察学生的课外学习及其他"第二课堂"的学习情况,发现问题及时提出处理意见。

11. 每学期至少与学生或教师座谈一次(小型座谈会或个别交谈均可),了解和反映学生、教师对教学改革等方面的意见、建议和要求。

12. 高教研究室会同在教务处在每学期期中和期末各召开一次教学督察员会议。由督察员通报情况、交流信息、研讨问题,提出建议。

13. 教学督察员每学期结束前两周,写出本学期工作总结(包括工作情况和对教学工作的改革建议),由组长汇总后交有关职能部门。

14. 学校分管领导每学期召开一次教学督察员会议,认真听取督察员对深化教学改革、提高教学质量、加强教学管理等方面的意见和建议。

三、教学督察员的权力

15. 对任何一门课程有权随时听、评,并对此课程的教学情况有认定权。

16. 对干扰和影响教学秩序的言行有权制止,并对违纪的师生有权提出批评。

17. 对违反考场纪律的师生有权提出批评,并提出处理意见。对严重作弊的学生有权当场处理,直至停止其考试。

18. 对教学效果较差的教师有权提出批评和建议。

四、教学督察员的待遇

19. 由校长颁发聘书和学校统一制作的"教学督察员"标志证。

20. 对所完成的工作量按一定课时标准发放酬金。

五、教学督察员的推荐和聘任程序

21. 教学督察员在老师自愿的基础上由各院(系)推荐,经有关部门核定后报分管校长批准。

22. 教学督察员每届 12 名左右,任期一年。

六、教学督察员的管理

23. 教学督察员由学校分管校长领导,高教研究室具体管理,日常工作由教学评估办公室负责组织。

24. 对有些问题的处理由高教研究室会同教务处商定。

25. 本规定自 2001 年 1 月实施。

26. 本规定由高教研究室负责解释。

2000 年 12 月

中国海洋大学教学督导实施细则

（二〇〇五年二月）

大学本科教育是高等教育的主体和基础，抓好本科教学是提高整个高等教育质量的重点和关键。建立健全校内教学质量监测和保证体系，是提高本科教育教学质量的基本制度保障。为了进一步完善我校教学质量保障体系，加大对本科教学质量的动态监督、检查、指导和评估的力度，强化教学秩序的管理，深化教育教学改革，加强教学研究和师资队伍建设，切实提高教学质量，我校决定实施"教学督导制"。具体规定如下：

一、教学督导的组织机构与管理

1. 学校成立教学督导室，配备专职工作人员。教学督导室设在高等教育研究与评估中心，具体负责学校教学督导的组织、管理与服务工作。

2. 高等教育研究与评估中心会同教务处每学期至少召开两次教学督导会议。由教学督导通报情况、交流信息、研讨问题，提出教育教学改革建议。

3. 教学督导室负责将会议情况撰写成"中国海洋大学教学督导工作会议纪要"，在全校范围内发放；并将各院系对教学的整改情况以"中国海洋大学教学督导简报"的形式在校内发放通报。

4. 学校主管教学的校长每学年至少参加一次教学督导会议，认真听取教学督导对深化教育教学改革、提高教育教学质量、加强教学管理等方面的意见和建议。

5. 对督导过程中发现的某些问题的解决，由高等教育研究与评估中心会同教务处提出处理意见后报主管校长审批。

二、教学督导的任职资格

6. 忠诚党的教育事业；为人师表，具有高尚的道德情操；教书育人，具有丰富的教学经验；治学严谨，具有较高的学术造诣；办事公道，具有高度的责任心和事业心;身体健康;具有教授职称。

三、教学督导的职责

7. 教学督导负责对全校的教学过程、教学质量、教学秩序、教学管理等方面进行督促、检查、指导,对存在的问题提出改进的意见和建议。

8. 参与学校的教学评估、期中教学检查、期末考试巡视等重大教学活动。教学督导要充分发挥在学校教学评估中的鉴定、诊断、导向等方面的作用。

9. 每周听课两学时以上并按要求认真填写"中国海洋大学教学督导听课记录卡",对授课教师的教育思想、教学态度、教学内容、教学方法、教学效果特别是对教师教学的个性特点、优势和存在的主要问题等进行分析与评价,并提出今后改进的建议和意见。

10. 每月至少一次深入实验室、自习教室、图书馆等,实地考察学生的课外学习及其他"第二课堂"的学习情况,发现问题及时提出处理意见。

11. 每学期至少与学生或教师座谈一次(小型座谈会或个别交谈),不定期的与院系有关领导交流沟通,了解和反映学生、教师对教育教学改革等方面的意见、建议和要求。

12. 教学督导每学期结束前,提交本学期教学督导小结(包括工作情况和对教学改革的建议),放假前将教学督导总结和"中国海洋大学教学督导听课记录卡"一起交教学督导室。

四、教学督导的权利和义务

13. 对任何一门课程有权随堂听(课)、看(课)、(指)导、评(价)。对教学效果较差的教师有责任帮其整改,直至提高教学质量。对干扰和影响教学秩序的言行有权制止和提出批评。

14. 对违反考场纪律的师生有权提出批评,并按学校的有关规定提出处理意见。

15. 教学督导室要向教学督导提供相关学习参考资料,每年组织教学督导外出考察学习一次,对所完成的工作量按一定课时标准发放酬金。

五、教学督导的推荐和聘任程序

16. 教学督导在教师自愿的基础上由各学部、院、系、教学中心推荐，经有关部分核定后报主管校长批准。由校长颁发聘书和"教学督导"标志证。

17. 教学督导每届任期 3 年。

六、其他

18. 学校要划拨专门的经费（包括办公经费、督导酬金和考察费等）用于教学督导工作。

19. 本《细则》自 2005 年 3 月 1 日起实施

20. 本《细则》由高等教育研究与评估中心负责解释。

中国海洋大学本科教学督导工作实施细则

（2020 年修订）

第一章　总　则

第一条　为进一步夯实我校本科教育教学质量保障体系、提高我校本科教育教学质量，针对当前国家本科教育教学改革的新形势，进一步提升学校教学督导工作的质量和水平，明确教学督导的工作职责，切实做好工作引领、指导和服务，助力教师教育教学能力和水平的提升，推进本科教育教学改革，现对《中国海洋大学教学督导工作实施细则》（2005 年版）进行修订和补充完善，形成本实施细则。

第二章　组织机构及其工作职责

第二条　学校在高等教育研究与评估中心设立教学督导工作办公室，在分管教学的副校长领导下全面负责学校教学督导工作的组织、管理与服务工作，并聘请成立教学督导专家团队，广泛开展督教、督管、督学和导教、导管、导学等各项工作。教学督导工作办公室的具体工作职责包括：

（一）制订年度及学期教学督导工作计划，推进工作的组织实施，进行工作检查、考核和总结。

（二）每学期组织教学督导工作会议，通报情况，交流信息，研讨问题，提出教育教学改革建议等。会议由高等教育研究与评估中心牵头，教务处、人事处、学生处、后勤保障处等部门参与，分管教学的副校长每学年至少参加一次教学督导工作会议。

（三）汇总教学督导工作信息，撰写《中国海洋大学教学督导工作会议纪要》，经主管校领导审批发文，在全校范围内发放。

（四）对教学督导工作中发现的问题，会同相关部门提出处理意见并报主管校领导审批，根据学校指示意见协调督促相关问题的跟进处理与解决。

（五）组织督导专家开展学习研讨、专项考察、调研等工作，为督导专家提供当前教育教学改革前沿信息、相关学习参考资料等。

（六）做好督导专家队伍的管理和服务工作，核定督导专家工作量，发放相应的工作补贴。

第三章　督导专家的工作职责

第三条　督导专家负责对学校的本科教学过程、教风学风建设、教师教学质量、教学秩序、教学管理、教学环境及设施等方面进行督促、检查、指导；有权对学校开设的任何课程随堂听课、看课、指导、评价；对教学效果较差的教师有责任帮其整改、提高教学质量；对干扰和影响教学秩序的言行有权予以制止和提出批评；对影响正常教学工作的教学设施、设备、教学环境、教学管理与服务等有权提出改进的意见和建议。

在日常工作中凝练问题，聚焦共性，既注重具体性、细节性、微观性工作，更注重全局性、整体性、宏观性问题，从专业建设、人才培养和教育教学改革发展的趋势，提出改进的意见、建议等。

（一）工作内容：听取学校线上线下各类本科教学课程，参与学校的课程教学评估、课程教学检查、毕业设计（论文）检查、课程考试试卷检查、教学环境及设施检查、考试巡视等教学活动，组织专项调研、督导工作，如混合式教学、研讨式教学、实验实践教学等的调研，了解学校教育教学工作存在的问题和不足，提出改进的意见和建议，充分发挥其在督教、督管、督学和导教、导管、导学等方面的作用。

（二）听课工作要求：每学期听课不少于 25 节（次）。听课工作应坚持日常化、常态化和均衡性，应均匀分布于学校学期教学各个时段，杜绝突击性集中听课现象；提前到课堂，不中途离开，不干扰和影响教师正常授课。

听课过程中，对授课教师从师德师风、教学态度、教学内容、教学方法、教学效果等各方面进行全面诊断和考察，对学生学习状态及学习效果给予关注。课后积极与授课教师交流，对教师教学的特点、优势和存在的主要问题及不足等进行分析与评价，提出改进的意见和建议，并填写"中国海洋大学课程教学质量评估专家用表"。

（三）发挥专业专长，积极开展对青年教师教学工作的指导帮扶。每学期可自主选择并重点关注 1～3 名青年教师的教学情况并给予跟踪指导,通过查阅课程教学文件、全程或多次听课等方式,帮助教师进一步明确本科教学的基本规范和要求,改进教学设计,充实和丰富教学内容,改善教学方式方法,切实提升教育教学能力和水平。

(四)深入实验室、自习室、图书馆等,实地考察学生的课外学习及其他"第二课堂"的学习情况,发现问题及时提出建议和意见。

(五)密切与学院领导、教师、学生的交流沟通,及时了解、反映其对教育教学改革等方面的意见、建议和要求。

(六)配合、协助、督促学院推进本科教育教学相关工作,如师德师风和学风建设、专业和课程体系建设、基层教学组织建设、教学改革推进和教学成果培育、青年教师培养、优秀教师的挖掘培育及示范宣传等。

(七)主动加强教育教学理论和政策的学习,更新教育思想观念,主动开展教与学工作的研究,探寻教育教学规律,明晰教育教学改革发展和人才培养工作的方向和趋势,提升工作视野和格局,为学校本科教育教学改革与发展献计献策。

(八)结合督导实际工作体验体会,按时提交高质量的学期教学督导工作小结和"中国海洋大学课程质量评估专家用表";自觉接受教学督导工作办公室的考核。

(九)督导专家工作应量力而行,切实注意自身身体健康和工作安全,如遇身体不适等应主动停止相关工作。

第四章　督导专家的聘任与管理

第四条　学校聘任曾长期从事本科教育教学工作、具有丰富的教育教学和管理工作经验的在职或已退休专家担任督导专家,共同完成学校本科教育教学质量保障工作。

第五条　督导专家的聘任资格

忠诚党的教育事业;为人师表,具有高尚的思想道德情操;教书育人,具有丰富的教育教学经验和较高的学术造诣;治学严谨,执教严明,要求严格;公道正派,责任心强;善于发现,乐于、敢于直言,事业心强;身体健康,原则上年龄不超过 70 周岁;具有正高级专业技术职称。

第六条　督导专家的聘任

（一）采取双向选择，部门遴选与学院推荐相结合，在本人自愿的基础上，经学校审定聘任。

（二）督导专家每届任期 3 年。任期届满仍符合聘任条件且本人愿意继续从事教学督导工作的，经学校审核，可连续聘任。

（三）因健康、家庭和工作等原因，不能正常履行教学督导工作职责（离岗一月及以上）或无法完成工作任务者，学校将暂停或终止聘用；教学督导工作办公室将就实际情况减发、停发工作补贴。

（四）学校可视教学工作整体情况在届期内进行督导专家的增补聘任和调整。

第七条　教学督导团团长、副团长

学校教学督导团设团长、副团长各 1 人，由具有丰富的组织管理经验的督导专家担任，与教学督导工作办公室一起负责教学督导团的组织、领导，策划各项教学督导工作，审定教学督导工作计划、会议纪要等，组织教学督导团的学习、调研等。

第五章　附　则

第八条　本细则自发布之日起实施。

第九条　本细则由高等教育研究与评估中心负责解释。2005 年 3 月 29日学校发布的《中国海洋大学教学督导实施细则》同时废止。

后 记

2020 年是中国海洋大学教学督导工作建制 20 周年。20 年里,8 届 53 位教学督导专家殚精竭虑,不辞辛劳,奔波于鱼山、浮山、崂山三个校区,行走在教学楼、实验室和各类实习、实践场馆(所),为学校本科教学质量保障工作做出了突出贡献。为更全面地汇集教学督导工作的事迹、经验和成果,更充分地展示教学督导工作的方方面面,经学校批准,高等教育研究与评估中心围绕学校教学督导工作进行了广泛的征文活动。品读摆在案头的 41 篇文稿,深深地为督导专家们心系教学、敬业奉献的精神所感动,也为教学督导工作给学校各方面带来的积极影响而自豪。

在本文集文稿的征集遴选以及编辑出版过程中,我们得到了督导专家们的热烈响应和广泛参与,汪人俊、李凤岐、周发琇、李学伦、郑家声、张永玲等老一代和现职的督导专家们欣然赐稿,让我们深受感动,大受鼓舞;部分青年教师的文稿让我们进一步明晰了未来的工作方向,更加认识到教学督导工作的意义和价值;而曾经和现正工作于本部门的同仁们也积极撰稿,宋文红、刘海波、季岸先、姜远平、王淑芳等,和我们共同梳理教学督导工作的历史脉络、发展趋势、认识思考,回忆与督导专家们共事的收获和感悟,给了我们很多的启示,也让我们对未来进一步做好这项工作更加充满信心。每一篇文稿都充满着才情、诚意和感动,字里行间充满着对学校教学督导工作的浓厚情意。李巍然副校长应邀欣然为文集作序,于志刚校长也对本文集给予高度评价。感动,一直在心中。

本文集还收录了部分督导专家工作的图片、规章制度等,记录了教学督导工作 20 年的历史和传承,有助于广大教师及后来者、校内外同仁学习交流和研究借鉴。

最后,由衷感谢学校领导和兄弟部门、院系多年来给予教学督导工作的深入指导和大力支持,感谢在文集编辑出版过程中中国海洋大学出版社给予的鼎力帮助和支持!

期待本书的出版能够让更多的专家、教师以及从事教学管理和服务工作的同志们得到启示和帮助。

编者

2020 年 5 月